U0437283

AI时代 成为强者

李尚龙 著

中国友谊出版公司

图书在版编目（CIP）数据

AI时代，成为强者 / 李尚龙著. -- 北京：中国友谊出版公司，2025.4. -- ISBN 978-7-5057-6093-6

Ⅰ. B848.4-49

中国国家版本馆CIP数据核字第20256LK686号

书名	AI时代，成为强者
作者	李尚龙
出版	中国友谊出版公司
发行	中国友谊出版公司
经销	新华书店
印刷	三河市中晟雅豪印务有限公司
规格	880毫米×1230毫米　32开
	8.125印张　167千字
版次	2025年4月第1版
印次	2025年4月第1次印刷
书号	ISBN 978-7-5057-6093-6
定价	59.80元
地址	北京市朝阳区西坝河南里17号楼
邮编	100028
电话	（010）64678009

如发现图书质量问题，可联系调换。质量投诉电话：010-82069336

序言

如果你只站在现在的视角，
解决不了现在的问题

这些年，AI 在以惊人的速度进入我们的生活，重塑着世界的规则。而很多年轻人却在这种快速的变化中越来越焦虑，仿佛被困在一个迷宫里，看不清未来，怎么都找不到出路。

大家的焦虑有很多种：有人在工作和生活的重压下喘不过气，想停下来却又害怕被这个快速向前的时代抛弃；有人在拼命努力的同时越发迷茫，不知道这份努力能否带来改变；还有人的内心明明渴望自由与个性，却被现实按下头，不得不随波逐流。

所有人或许都想问："到底要怎么做，才能找到属于自己的出路？"

这也曾经是我年轻时最想找到答案的难题。

过去一年，在与人工智能领域的前辈们交流中，我渐渐看到了未来。

2023 年我到加拿大读书，生活发生了翻天覆地的变化，也因此有了更多与自己对话的时间。我从一个身边总是热闹的"社交人",变成了一个孤独的思考者。我的生活变得简单:在校园读书,与同学探讨问题,一个人走在海边,望着蓝天和大海发呆。

不知不觉间,我在北美已经度过了一年。这一年,我的内心与思维悄然地发生了巨变。

前些日子,我与一位老朋友连线,他开玩笑地说:"尚龙,你就像是从未来回来的人,看到未来的问题,再回到现在提出解决方案。"他还说了一句让我印象深刻的话:"站在现在的维度,根本解决不了现在的问题,只有站在未来的维度,才能找到答案。"

那一刻,我突然明白:如果想解决当下的问题,就必须站得更高、看得更远。因为站在现在的视角,只会被困在当下的问题里。唯有站在未来的视角,才能找到现在问题的解药。

回望过去一年,我做得最正确的事情,就是放弃了北京的一切来到加拿大读书。那些曾经拥有的,现在回头看,其实并不是我真正想要的。我深知,只有勇敢迈步向前,才能看到不一样的世界。

这本书,就是我过去一年的最新思考。

我在这本书里写了很多关于未来趋势的内容。从敲下第一个字开始,我就意识到不能仅从个人角度书写,而要从时代的角度切入。因为只有理解了时代趋势,个人的努力才有意义。

这就像一个人准备长途旅行,无论他的车技有多好,油门踩得有多快,如果选错了方向,那么开得越快就会离目的地越远。选对了方向,即使开得慢一些,最终也能到达目的地。当然，同样是对的方向，有人选择了高速公路，轻松前行；有人选择了泥泞小路，即使踩尽油门也寸步难行。

这让我意识到：**选择比努力更重要**。

我曾经极力鼓励大家努力奋斗，甚至还在 24 岁时写过《你只是看起来很努力》。但现在，此时此刻，我要告诉大家，选择比努力更重要。这并非否定努力，而是因为时代已经发生了巨大的变化。当一个行业或者趋势在改变时，个人的努力未必能扭转局势。

过去一年，我经历了很多，包括在公众视野中的起起落落。一篇与考虫道别的文章，让我与创业的青春告别。从 24 岁创立公司，到 34 岁黯然离场，这个过程让我深刻明白：当一个行业结束，很多人都会陷入迷茫，但唯有继续前行，才能看到新的希望。

我现在 34 岁了，住在一个叫白石的小镇上，经常一个人走在温哥华的海边。那里安静得出奇，常常空无一人。我喜欢在海边看着波光粼粼的水面，太阳的倒影随着浪花轻轻晃动。每次站在那里，我都会想：如果真的有平行时空，44 岁的我会对 34 岁的我说些什么？

我想，那时的我大概会说："活下来，努力看向未来。到了 40 岁，你会惊奇地发现，这个世界已经完全不同了。"

人工智能的时代正在到来，AGI（通用人工智能）已经崭露头角，ASI（超级人工智能）或许也在悄然逼近。那时的人类可能在 AI 面前显得无助甚至无用，不再需要创造财富，只需要消耗财富。也许有一天，人工智能会为人类提供收入，而医疗水平、基因编辑和纳米科技的进步，甚至可能让人类迈向永生。

这样的未来听起来有些不可思议，但也充满希望。

此时此刻，我们需要做的，可能只是"活下来"。学会感知快乐与痛苦，也许是未来人类存在的唯一意义。或许未来有一天，我可以通过太阳的光波、大海的声音传递信息，即便我无法理解那时的传播方式，但它的核心一定是：对未来充满希望。毕竟，解决现阶段困难的，往往不是个人当下的能力，而是来自对未来的洞察和智慧。

在北美的这一年，我变得更加注重感知时代的脉搏，而非纠结于个人的情感起伏。如果我能回到 24 岁，我会对那个正在书桌前的台灯下写下《你只是看起来很努力》的自己说一句话："活下去，活到 34 岁。世界会在这十年间发生翻天覆地的变化。无论你多么焦虑、崩溃，无论你遇到多大的挫折，只要活下来，你就能看到完全不同的风景。"

同样，34 岁的我也经常在想，44 岁的自己会对现在的我说什么？或许会说："**活下来，努力看向未来，那时的世界会远超你的想象**。"

通过这本书，我想告诉大家，眼光一定要放得更远。站在未来的视角看现在，站在现在的视角回望过去，很多困境都会找到答案。这本书，是我掏心掏肺写给大家的，献给每一个还对未来抱有期待的人。

活下去，你会在未来的路上越走越远。

对了，无论走多远，都别忘了回头看看。

祝你阅读愉快！

目录

序言 / 1

机会 篇
懂趋势的人才能抓住机会

内卷时代的新出路 / 003

AI 让省下的时间都是自己的 / 010

打造个人 IP 从独特性开始 / 019

AI 让你的技能指数型爆发 / 024

未来一切都是体验优先 / 033

健康是稳赚不赔的投资 / 037

允许自己 Gap Year / 043

资本是怎么左右你的审美的 / 049

什么样的爱好才值得长期坚持 / 056

有一天，人工智能会给你发钱 / 059

金钱 篇

财富是对认知和意志的奖励

怎么找到赚钱的工作和行业 / 067

能赚钱的人都在这样想 / 076

选择副业的标准 / 081

宇宙的尽头都是销售 / 088

年轻人投资什么最升值 / 098

普通人也能布局数字资产 / 109

想赚钱就不要被任何现实所局限 / 113

工作焦虑到失眠,就抓紧走吧 / 119

失业后的重新出发 / 126

用长期主义的原则投资自己 / 131

人脉 篇
谁认识你比你认识谁更重要

找到有价值的人脉资源 / 139

如何向上社交 / 147

贵人就是普通人的后路 / 151

为什么要放弃大多数无用社交 / 159

酒桌上不一定要喝酒 / 165

游刃有余的前提是学会"脱敏" / 170

不要跟同事成为朋友 / 175

做好自己才能弯道超车 / 180

精简社交才不会有社交疼痛感 / 187

高配得感换来高配人生 / 191

生活 篇
厉害的人从不内耗

掌控下班后的生活 / 199

应对焦虑的唯一方法 / 204

人生逃不开的三次背叛 / 209

分清楚爱与控制 / 215

拥有离开的勇气和资本 / 219

如何与父母有效沟通 / 225

别做有控制欲的家长 / 230

你不用为任何人活 / 234

后记　AI 时代，祝你走出一条属于自己的路 / 243

技术永远在变,
但强者的底层思考能力永不贬值。

机会

篇

懂趋势的人
才能抓住机会

机会篇

在瞬息万变的时代,
重要的不是追逐风口,
而是从趋势里把握恒定不变的价值。

内卷时代的新出路

很长一段时间里,我被很多年轻人或者焦虑的家长问到这样一个问题:在各行各业都无比内卷的时代,在每天都在变化的世界里,年轻人的出路到底在哪儿?

我非常害怕跟年轻人讲要关注未来。因为当我告诉大家要关注未来的时候,往往会发现未来一片迷茫。当一个人眼睛里只有未来,并且能过得很好时,只有一个前提,就是未来大致的方向是确定的。但现在看来,尤其是最近几年,我们明显感受到未来是阴晴不定的。

那我们应该怎么做?

我的答案从来都是以下三个:第一,看政策趋势;第二,看现状;第三,看热爱和喜好。在这一节中,我会细致地跟大家一一分享,因为就是这三条帮助我走到了现在。

第一，看政策趋势。

当你处于迷茫的状态，不知道未来何去何从时，有两个方面是必须关注的。

首先，要去看政府工作报告。政府工作报告决定了未来这些年我们的金钱流动的方向，人才流向的地方，以及资源配置方向。每年政府都会发布工作报告，很多人可能看不懂。现在我告诉你一个重要的方法：**善用 AI 做好笔记**。当政府工作报告发布时，如果没时间细读，请务必做这样一件事：把全文交给人工智能，补上这么一个问题：我的技能是什么？请问我该如何与政府工作报告进行结合，规划自己的职业发展？

比如我是一名英语老师，我在看完政府工作报告后，问了 AI 这样一个问题：我该如何适应未来的发展才能不被淘汰，如何让自己变得更好？在我一次又一次对人工智能发问的时候，我逐渐意识到：我可不能仅仅停留在英语老师这个身份上，因为未来所有的知识将走向免费，这是教育平等的必然趋势。

很多人知道，我从新东方离职后自己创办了"考虫网"，我之所以能及时做出这个决定，正是因为我认真研读了政府工作报告。建议大家把政策方向与自己的专长、专业和职业规划结合起来，这样才能找准未来的方向。

同理，我选择去多伦多大学攻读人工智能专业，也是基于我对政府工作报告的研究。虽然我过去的经历与人工智能关系不大，除了本科学的信息工程专业，我在工作过程中已经很久没用技术方面的东西了。但我确定必须躬身入局投入这个领域。

这就是我后来开设的人工智能课能卖得那么好，我在网上讲解人工智能话题，有这么多人跟随我、喜欢我的原因，本质都是一样的，你必须了解趋势。

除了政府工作报告，另一个重要的参考是央行的资产负债表。网上有很多解读央行资产负债表的文章，大多数人可能都没有学过金融经济，我就不班门弄斧跟大家解读经济了。但我想告诉你：所有的钱，股市的动向、资源、资金都藏在资产负债表里。如果你看不懂，怎么办？老规矩。既然是人工智能时代，请一定要把它交给人工智能，因为只有你看懂了央行的资产负债表，你才能把握资金未来的流向。

第二，不要看太远，看当下，看现在。

我们已经知道趋势和政策，接下来请一定要活在当下，这也是我对年轻人的建议，不要再给自己一些长远的5年、10年规划，因为这个时代的变化已经超出你的想象。

我到硅谷第三天就听说了一个新兴职业——AI顾问。这个职业非常有意思，就是专门跟老板沟通，告诉老板哪些人需要裁掉，哪些部门需要优化，哪个业务可以继续投钱以及他的公司架构该如何调整。

我刚知道这个职业的时候非常震惊，因为这原本就是企业咨询的工作，但现在只要懂得使用AI工具，将公司所有的信息喂给ChatGPT[1]，ChatGPT就能直接给出最具体的答案，甚至连客

---

1. 由OpenAI开发的人工智能大语言模型。

服回复别人的具体话术都能够写下来。

当时我跟朋友聊完天,从他们公司走出来,在硅谷的大街上看着蓝天白云,心里倒吸一口凉气,因为倒退一年,你都不知道这是什么职业。这个世界变化太快了。就像5年前你绝对没有听说过短视频编导这个职业是做什么的,10年前你可能没有听过互联网运营到底是个什么样的岗位,但现在这些职位不仅存在,工资都还很高。

根据美国皮尤研究中心(Pew Research Center)的预测,到2035年,随着数字技术的进步和AI的深入运用,社会将出现大量前所未有的职业角色,这些职业将围绕AI的开发、管理、应用以及相关的社会伦理问题衍生出来,目前这些职业还没有出现。

另外一个报道来自世界经济论坛,预测则更加大胆,《2025未来就业报告》中提到:在2025年会有85%的工作岗位是目前尚未存在的新职业。这些新职业主要由AI、自动化以及其他先进技术推动出现。

总之,我想告诉你的是,如果你现在特别迷茫,请一定记住:不要看太远,可以盯着趋势,但是要过好当下。今天过得好的人,明天不会差到哪儿去;今天积极的人,养成习惯,未来也就自动积极下去了。这个时代是给那些养成好习惯的人准备的,一个人的命好不如习惯好。

就像我到今天,无论世界发生什么变化,早上起来我都会坐在电脑旁边写2000字,这个习惯已经保持了将近10年。这就是我可以笔耕不辍，每年都能有新书出版的原因。不要小看这种坚持，水滴石穿，我从来没有想过这些书在未来会不会变成畅销书，我唯一关注的是今天我有没有认真把它写好。所以找一个好习惯，坚持它，十年如一日地坚持，只关注当下，不要想太远。放心，老天会给你更好的回报的。

我想请所有畏首畏尾、担心未来的年轻人反复阅读这句话：**所有人的看法和评价都是暂时的，只有自己的经历和成绩是伴随一生的，几乎所有的担忧和畏惧都是来源于自己的想象，只要你真的去做了，才会发现有多快乐。**

所以请不要再用杂念搅乱自己的思绪，赶紧去做点什么，因为当下永远是最好的时机。

在我写下这段话之前，我正在家里阅读史铁生的书。不知道为什么，年纪越大越喜欢读他的文字，他写过这样一段话："我四肢健全时，常抱怨周围环境糟糕，瘫痪后怀念当初可以行走奔跑的日子，几年后长了褥疮，怀念起两年前安稳坐在轮椅上的时光，后来得了尿毒症，怀念当初长褥疮。又过了一些年要透析，清醒的时间很少，怀念尿毒症的时候。"

你看，活在当下是多么重要，不要担心未来，不要后悔过去，你就关注到当下的每一次呼吸，都能让你的生活质量提高很多。

第三，请你找到自己的热爱和爱好。

我在洛杉矶认识了一位家长，她的孩子在当地一所大学学艺术。小姑娘有一次给我打电话，说等不及了，想跟我分享一件事情。在电话里她迟疑好几秒,问出这样一个问题:"哥,假设有一天我什么都不是,没有成功,也没有赚到钱,就这样浑浑噩噩过了一生,我的人生是不是就完蛋了?"

我在电话这边愣了好长时间,然后不知道为什么就说出这么一句话:"妹妹,人生成功的标准只有一个,就是你有没有在自己热爱的人和事情上,付出了自己一生的时间。"

年轻时我写过,生命中真正的幸福就是以自己的意愿去过一生。但随着长大,发现自己的意愿很容易被动摇,所以我把这句话改成了:真正的幸福是和自己爱的人一起做热爱的事,在这些事情上消磨掉自己一生的时光。

可是大多数朋友,尤其是年轻人,并不知道自己到底热爱什么。我的判断标准非常简单:首先要尝试。因为只有在尝试的过程中,你才能慢慢找到自己喜欢什么,不喜欢什么。所以保持开放是第一条,多尝试,少说"不"。

接下来我给你一个方法论,问自己两个问题:第一,在不考虑任何外在因素(比如金钱、人情、面子等)的情况下,你最想做什么工作?第二个问题,从小到大,有没有什么事情能让你迅速进入心流状态,让你感到自豪且喜欢自己,并且能游刃有余?

如果你实在想不出来,可以问问你的父母和最亲近的朋友,在他们眼中,你做什么事情时是浑身发着光,脸上露出自然的笑容的。这可能就是你的热爱所在。看到这里,你不妨暂停一下,先问问自己。

最后我要告诉你，热爱并非与生俱来，它需要培养。在西方有个非常重要的概念叫"成长性爱好"，它指那些随着时间推移可以不断精进，让你变得更好的爱好，像跑步、游泳、唱歌、乐器、读书、写作等。一开始你可能并不喜欢，但随着你花时间和它相处，慢慢地你就会越来越喜欢。

这样的爱好具备一个特点，就是坚守。请注意，坚守与坚持不同，是你十年如一日地做这样一件事，坚定地保持某种态度、立场和行动，关键是你要付诸行动。

我相信读这本书的很多年轻人和我一样，读完后才发现过去很多选择和道路都走错了。如果你选择这么走下去，可能会成为一个异类，成为少数人。但多年后回头看时你会发现，这或许才是正确的选择。

写到这里，我想起20世纪美国著名诗人罗伯特·弗罗斯特（Robert Frost）的一首著名的诗："I took the one less traveled by, And that has made all the difference." 意思是：我选择那条人迹很少的小路，从此决定了我一生的道路。

把这首诗送给你，祝你在这个快速变化的时代，仍能坚守自己的热爱与选择。

AI 让省下的时间都是自己的

在科技迅速发展的今天，年轻人必须学会用技术给自己赋能。只有掌握技术的人，未来才不会被淘汰。

我已经写过两本与人工智能有关的书，其中一本是关于人工智能应用的，现已成为国家开放大学的指定教材。正是对这本书的理解和深入思考，让我走上了 AI 的道路。另一本是人民大学计算机系的教材，也是我在多伦多大学学到的关于人工智能如何运用的底层思考，这两本书我都推荐大家阅读。

我想先做个大胆的假设，未来只有一种人不会被淘汰，那就是能够熟练使用工具的人。所以，我想通过这一节分享如何用 AI 提高工作效率，以及如何用 AI 为普通人赋能。

我曾经提出一个理论，任何人想进入一个行业，需要做到以下三点：第一，读书，把市面上必读的书都读一遍；第二，上课，参加各种优质的付费课程，线上线下都要参与，线下解决社交问题，线上补充知识储备；第三，见人，尽可能接触行业内的人才，与每个人深入交流半天，付费请教也可以。

在新时代，还要增加一条，那就是使用 AI。我使用了市面上几十款工具，总结出了几款最实用的。

首先，如果条件允许的话，ChatGPT 一定是最优选。

根据我的观察，在 100 个人中真正使用过 ChatGPT 的可能只有 1 个。我做过统计，在一个教室里，约 90% 的人听说过 ChatGPT，但实际使用过的不到 10%，而且大多数人用的是替代品，只有极少数人使用过正版 ChatGPT。替代品与 ChatGPT 正版的差距主要体现在两个方面：一是算法水平；二是很多敏感词和重要的、有批判性的词汇都会被过滤掉。

我也给大家找到了两款替代品——**Kimi 和通义千问**，都很实用。对于写作相关的任务，你都可以借助人工智能来润色修改。虽然它现在可能无法帮你从零开始完成写作，但有一个很重要的写作技巧叫"垫稿"——就是把你的初稿输入进去，让 AI 帮助修改，打磨出更好的内容。

人工智能可以进行以下 36 种写作方式，我已经总结了下来，希望对你有所帮助。

写作相关

- **写书**：辅助写作、编辑和润色书籍内容，提供段落、章节或整本书的内容构思和撰写。
- **写小说**：创作小说故事情节、角色对话和背景设定等。
- **写剧本**：编写电影、电视剧或戏剧的剧本，包括台词、场景描述等。
- **写论文**：帮助撰写学术论文，包括结构组织、参考文献格式和学术语言的使用。
- **写博客**：撰写博客文章，帮助思考主题、内容组织、SEO（搜索引擎优化）等。
- **写新闻稿**：编写新闻稿，确保语调和格式符合行业标准。
- **写邮件**：撰写各种类型的电子邮件，如商务邮件、社交邮件、邀请函等。
- **写公文**：撰写正式的政府或企业公文，如通知、公告、报告等。
- **写讲稿**：编写演讲稿、会议发言稿等，确保内容逻辑清晰、语言表达流畅。
- **写产品文案**：撰写产品宣传文案、广告文案等，帮助提升产品的吸引力。

技术相关

- **写代码**：生成和优化代码，支持多种编程语言，并提供代码解释和调试帮助。
- **写测试用例**：为软件开发项目生成测试用例，帮助确保代码的质量和稳定性。
- **算法设计**：帮助设计和优化算法，提供理论支持和实现方法。
- **数据分析**：解释数据分析结果，撰写分析报告或提供可视化方案。

学习与教育

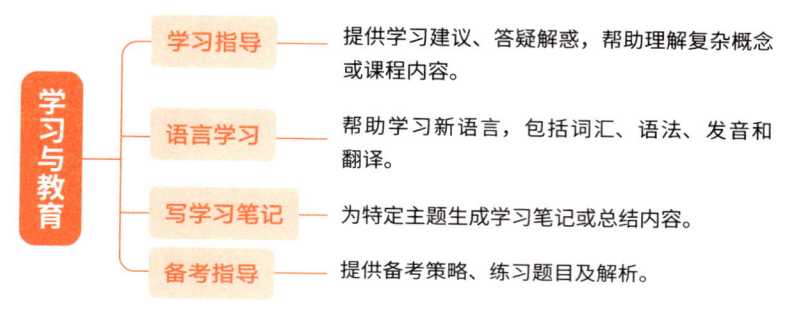

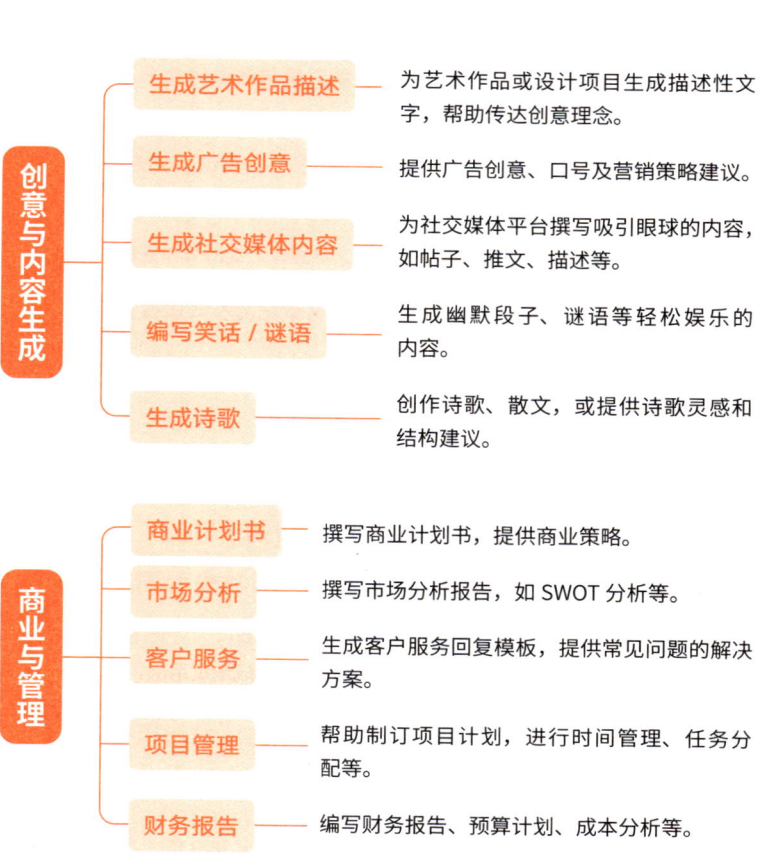

- **学习指导** — 提供学习建议、答疑解惑,帮助理解复杂概念或课程内容。
- **语言学习** — 帮助学习新语言,包括词汇、语法、发音和翻译。
- **写学习笔记** — 为特定主题生成学习笔记或总结内容。
- **备考指导** — 提供备考策略、练习题目及解析。

创意与内容生成

- **生成艺术作品描述** — 为艺术作品或设计项目生成描述性文字,帮助传达创意理念。
- **生成广告创意** — 提供广告创意、口号及营销策略建议。
- **生成社交媒体内容** — 为社交媒体平台撰写吸引眼球的内容,如帖子、推文、描述等。
- **编写笑话/谜语** — 生成幽默段子、谜语等轻松娱乐的内容。
- **生成诗歌** — 创作诗歌、散文,或提供诗歌灵感和结构建议。

商业与管理

- **商业计划书** — 撰写商业计划书,提供商业策略。
- **市场分析** — 撰写市场分析报告,如 SWOT 分析等。
- **客户服务** — 生成客户服务回复模板,提供常见问题的解决方案。
- **项目管理** — 帮助制订项目计划,进行时间管理、任务分配等。
- **财务报告** — 编写财务报告、预算计划、成本分析等。

个人生活与职业

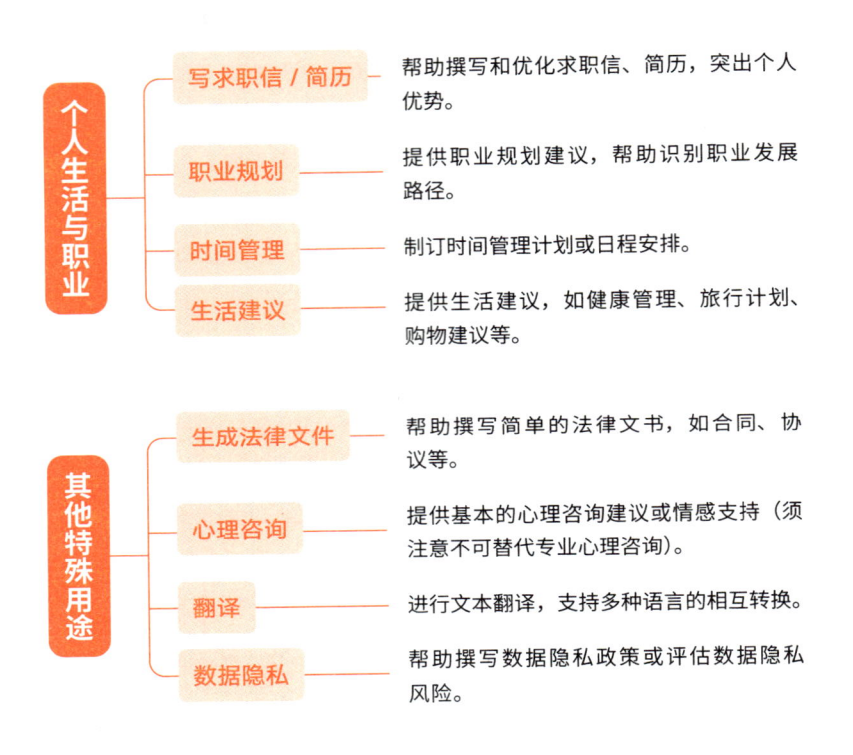

- **写求职信/简历**：帮助撰写和优化求职信、简历，突出个人优势。
- **职业规划**：提供职业规划建议，帮助识别职业发展路径。
- **时间管理**：制订时间管理计划或日程安排。
- **生活建议**：提供生活建议，如健康管理、旅行计划、购物建议等。

其他特殊用途

- **生成法律文件**：帮助撰写简单的法律文书，如合同、协议等。
- **心理咨询**：提供基本的心理咨询建议或情感支持（须注意不可替代专业心理咨询）。
- **翻译**：进行文本翻译，支持多种语言的相互转换。
- **数据隐私**：帮助撰写数据隐私政策或评估数据隐私风险。

其次，是画图工具。

有一款北美几乎每个设计师都用的 AI 绘图工具，叫作 Midjourney[1]。你唯一需要的就是学习英语和提示词，如果不会英语也没关系，你可以用 ChatGPT 去翻译。当你想创作一幅猫狗在蓝天下打架的画面，但不知如何描述细节时，可以先让 ChatGPT 帮你完善描述，将其翻译成英文，再利用这些提示词

---

1. 一款先进的人工智能图像生成工具，能够将文字描述转换为高质量的图画。

在 Midjourney 中生成图像。网上有大量教程可供参考，学习起来非常简单。

Midjourney 画的图极其逼真，以至于我不建议大家专门去学习摄影或绘画，因为它使用起来太便捷了。我有一位摄影师朋友说，传统摄影中能获得一张满意作品的成功率大约是十分之一。但有了 Midjourney 后，他可以将那些原本可能被淘汰的照片通过 AI 重新处理，赋予它们新的生命，这种技术确实令人惊叹。

Midjourney 的使用有 22 个商业模式和应用场景，我也为大家总结了。

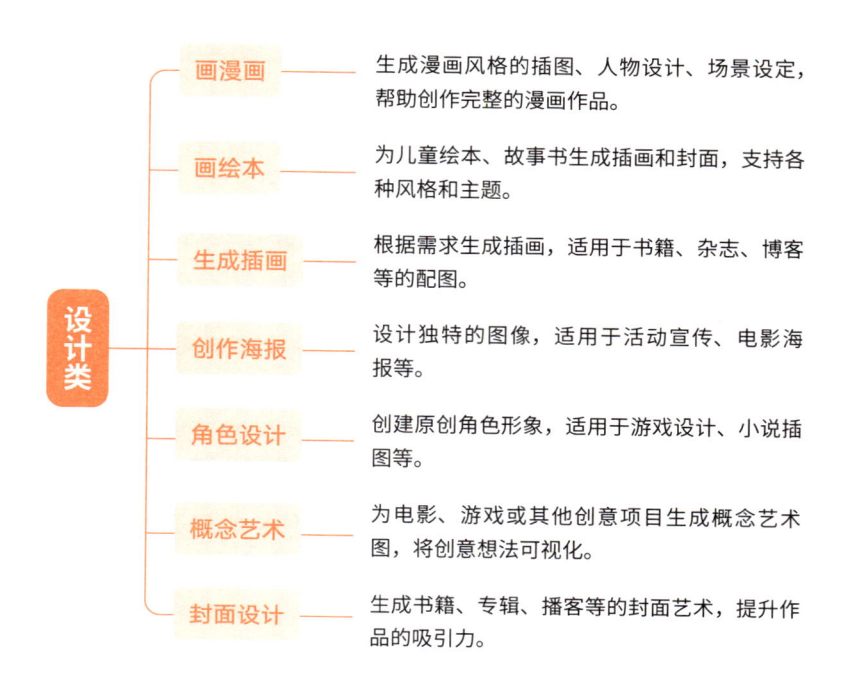

设计类

- **画漫画**：生成漫画风格的插图、人物设计、场景设定，帮助创作完整的漫画作品。
- **画绘本**：为儿童绘本、故事书生成插画和封面，支持各种风格和主题。
- **生成插画**：根据需求生成插画，适用于书籍、杂志、博客等的配图。
- **创作海报**：设计独特的图像，适用于活动宣传、电影海报等。
- **角色设计**：创建原创角色形象，适用于游戏设计、小说插图等。
- **概念艺术**：为电影、游戏或其他创意项目生成概念艺术图，将创意想法可视化。
- **封面设计**：生成书籍、专辑、播客等的封面艺术，提升作品的吸引力。

日常生活与个人项目

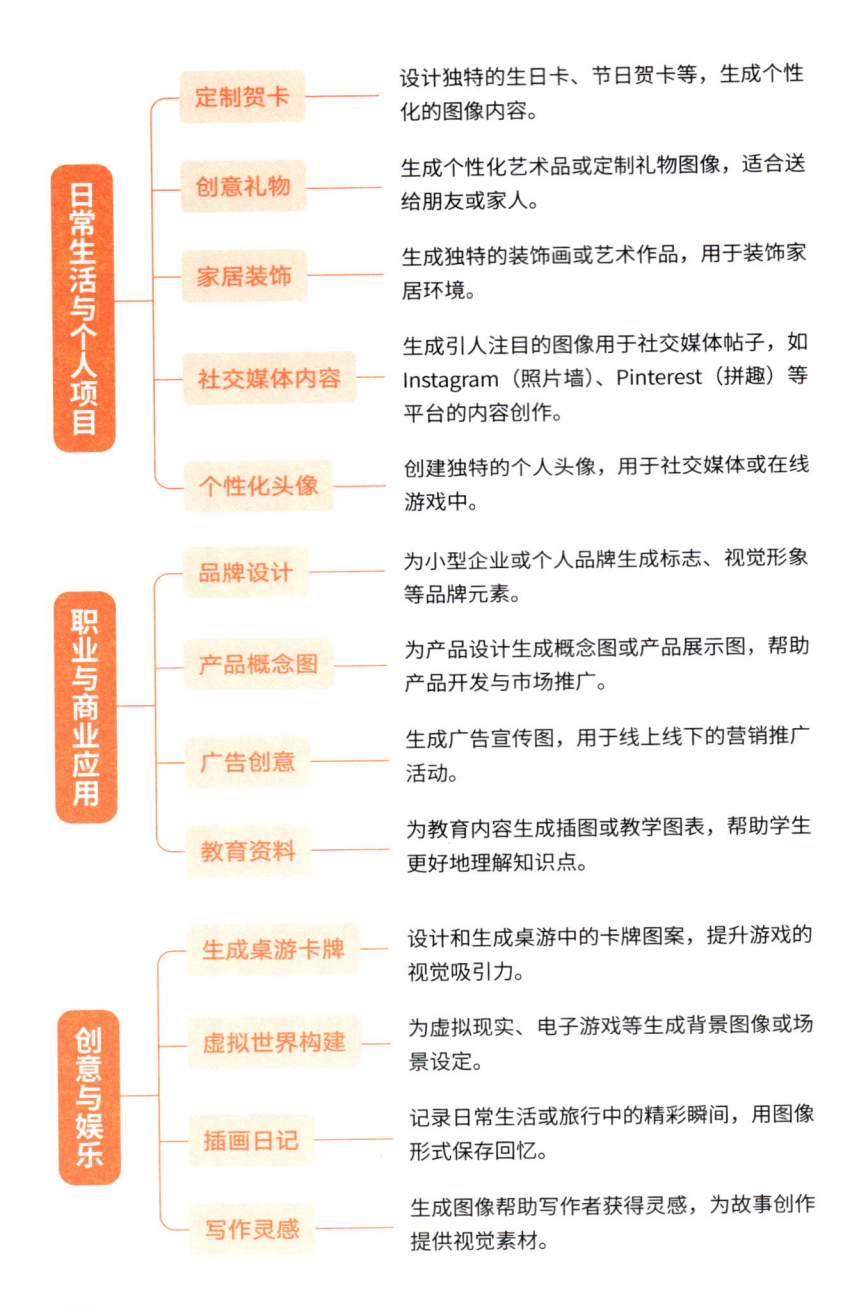

- **定制贺卡**：设计独特的生日卡、节日贺卡等，生成个性化的图像内容。
- **创意礼物**：生成个性化艺术品或定制礼物图像，适合送给朋友或家人。
- **家居装饰**：生成独特的装饰画或艺术作品，用于装饰家居环境。
- **社交媒体内容**：生成引人注目的图像用于社交媒体帖子，如Instagram（照片墙）、Pinterest（拼趣）等平台的内容创作。
- **个性化头像**：创建独特的个人头像，用于社交媒体或在线游戏中。

职业与商业应用

- **品牌设计**：为小型企业或个人品牌生成标志、视觉形象等品牌元素。
- **产品概念图**：为产品设计生成概念图或产品展示图，帮助产品开发与市场推广。
- **广告创意**：生成广告宣传图，用于线上线下的营销推广活动。
- **教育资料**：为教育内容生成插图或教学图表，帮助学生更好地理解知识点。

创意与娱乐

- **生成桌游卡牌**：设计和生成桌游中的卡牌图案，提升游戏的视觉吸引力。
- **虚拟世界构建**：为虚拟现实、电子游戏等生成背景图像或场景设定。
- **插画日记**：记录日常生活或旅行中的精彩瞬间，用图像形式保存回忆。
- **写作灵感**：生成图像帮助写作者获得灵感，为故事创作提供视觉素材。

```
实践与探索 ── 艺术风格探索 ── 通过尝试不同的关键词和描述，探索多种艺术风格和表现形式。
         └─ 创意表达 ── 表达抽象想法、情感或主题，生成视觉化的创意表达。
```

除 Midjourney 之外，如果你想更深入地了解 AI 绘画，Stable Diffusion 也是一款值得你深入研究的 AI 绘画软件。

Stable Diffusion 在媒体领域有着独特的应用优势，尤其是在创意方面。它能生成符合品牌特性和市场需求的高度定制化广告图像，不仅可以创作静态广告，还能生成视频帧，通过后期处理制作完整的视频广告。通过训练模型，它能够生成特定的品牌风格和视觉内容，适用于网页、社交媒体、户外广告等多种媒体形式的品牌形象呈现。

此外，Stable Diffusion 可以生成复杂的游戏场景和背景图像，适配科幻、奇幻等不同游戏风格，并能基于特定数据集生成信息图表、数据可视化等内容。值得注意的是，在最新研究中，Stable Diffusion 已经开始与医学领域结合，用于生成或增强 X 光片、核磁共振等医学图像，服务于医学研究和临床应用。

总之，这两款软件我都建议大家持续使用。

第三款，可以做 PPT 的 AI 软件。

我们都听过 AI 可以做 PPT，但是到底怎么做，很多人丈二和尚摸不着头脑。我给大家推荐几款我经常使用的 AI 软件。第一款叫作 MindShow，第二款叫伽马（Gamma），第三款叫

tome，第四款叫 iSlide。

最后，我要给大家推荐一款制作表格的 AI 软件，叫 Chat Excel。

总之，在新时代，年轻人必须学会这些简单的工具，它能让你的效率提高很多，要知道，省下的时间都是自己的。

第四次工业革命已经悄无声息地到来了，未来人会分成两种——会用 AI 的人和不会用 AI 的人。会用 AI 的人，会清晰地把这些东西归为自己所有，成为真正的强者；而不会用的人，将会在时代的洪流里默默成为一颗螺丝钉。

打造个人 IP 从独特性开始

"社会地位"是个特别有意思的词，我从一个故事开始说起。

我认识一个报社主编。在一次聚会上，我的一个医生朋友请我和另外一位知名演员一起吃饭。一开始大家还不太熟，喝了些酒后，话题渐渐热起来。那个主编不知是喝多了还是最近心情不好，突然开始对人发难。他第一个针对的就是这位演员朋友。

他对着演员朋友说了一通话，我只听清了两句，第一句是"把你捧红，我可能做不到，但把你毁掉，我有的是办法"。接着又说："你们演员社会地位非常低，在古代你们就是戏子。"这时候演员朋友已经很尴尬了，我赶紧上前阻拦，这位主编竟然转过头来对我说："你们作家地位也不高。"说完他转向我的医生朋友，打量半天后只是敬了一杯酒，说："主任，您多吃点。"

在我写这一节的时候,这一幕在我脑海中依旧栩栩如生,这个人好像又"活"过来了。不久后他被"双规",我再也没见过他。

通过这则故事,我想讲的是为什么在这个报社主编眼中,明明大家的社会阶层差不多却被分成了三六九等。这是因为在世俗观念中,地位分为两种:第一种是金钱地位;第二种是社会地位。所谓金钱地位就是你有多少钱,而社会地位则指你的工作及其附加价值。

有些职业虽然收入不算特别高,但附加值很高,比如老师、医生、律师等,这也是很多家长特别期望孩子从事这类职业的原因。如果身边有一位律师朋友、医生朋友或老师朋友,很多人就会觉得特别有面子,同时心里踏实。因为普通人在生活中难免会遇到一些麻烦,这些麻烦需要专业人士来化解,这就是职业的附加值。

但现在,阶层地位都被新时代解构、打破了。你是否发现,这个时代多了一个专有名词,叫个人品牌?**这是年轻人的新机会,因为个人品牌正在解构所谓的社会地位。一旦个人品牌成熟,年轻人就不必再去一味地追逐社会地位了。**

举个最简单的例子,假如你要打一场官司,你是找某知名大学的法学院教授,还是去找罗翔?你要选专业,你跟你的家人会去找北大的某个选专业的教授,还是找张雪峰?我相信你心里已然有了答案。

为什么会这样？这是因为个人品牌的出现，很大程度上解构了社会地位的固有排序，公开的信息正在为个人品牌做强有力的背书。当一个人敢于打造个人品牌，就相当于有成千上万的人为他背书，这种背书是公开透明的。一旦出现负面消息，被放大，这个人的信用背书就会受损。

所以，与其相信小圈子里的人，不如相信经过市场验证的个人IP。这在过去被称为社会地位，现在则是个人品牌。许多个人品牌做得出色的企业家，其个人影响力已经超过了企业品牌本身。

那普通人该怎么打造自己的个人品牌？来，做好准备，我要给你的是压箱底的经验。

第一，你要具备专业能力，这个能力越细越好。比如我的好朋友石雷鹏老师，他专注的是考研英语写作这条细分赛道。在这条赛道上他是第一名，所以一旦涉及考研英语写作的押题，他总能排到第一位。因为这条赛道本身人也不多，所以竞争压力不是很大，他的专业能力得到了充分认证。

第二，有专业圈子的认证。圈子代表着行业对你的认可，也就是你身边几个重要的朋友、同事是否属于这个圈子。比如我在新东方当老师时，就与石雷鹏老师关系很好。你也能经常看到石雷鹏老师在这个圈子里跟别人的合照、交流，这就是圈子对他的背书和认证。

第三，有故事。所谓故事就是人们对你的了解，有时候作为一个公众人物，你必须把自己的一些隐私——无关痛痒但公众好奇的隐私——放到公开场合让人知道。有时候你甚至需要把与你的老婆、孩子、老公、前男友、前女友有关的故事放到公开场合让人点评，因为人们更喜欢一个有血有肉有故事的真实的人。

这就是个人品牌的构成：能力、圈子和故事的结合。

当然，个人品牌最终需要通过互联网来传播。互联网就是你的影响力载体：能力加上互联网等于知识传播，圈子加上互联网等于认证背书，故事加上互联网等于个人IP。我常常鼓励那些在某个领域有专长的年轻人，一定要经营自媒体，记录自己的精彩时刻。

为什么要这样做？因为当你的故事和观点被越来越多人看到，这就成了你的数字资产。农业时代重视农业资产，工业时代注重工业资产，到了数字时代，更要重视数字资产的布局。对普通人来说，积累数字资产最好的方式就是做自媒体。需要注意的是，不要局限于单一平台，而是要在多个平台同时建立自己的表达渠道，让自己的形象更加立体。

我举个例子，我在2024年初开始做视频号，三个月就积累了50万粉丝。但由于我不知道平台的规则和一些不能说的敏感内容，只能不断尝试。在这个过程中，因为平台限流，我在深圳的团队某天给我注册了六个号，一个月之后全网已有将近三十个账号同时发布我直播的切片内容，截至目前，全网已经有六十多个账号，累计粉丝达2000万，观看人次接近一亿。现在想来，真后悔当时拍摄的时候没洗头。

你看，这就是数字资产：多样化的表达、丰富的内容、多平台的分发，个人品牌就这样做起来了。

如果你也想做个人品牌，但还不确定自己的优势，可以参考以下方法：

第一，回想过去一段时间，别人找你帮忙的领域是什么。

第二，仔细分析你的工作职责，将你所负责的部分进一步细化。比如你是互联网运营，也许你的核心能力是快速搜索细节信息。总之，要追求专业细分。

第三，可以尝试着多发几个选题。包括教育类、兴趣类、技能类等，把这些选题以视频的形式发到各个平台，持续发，然后看哪个流量好，用数据倒逼你的内容。多去反思和精进，直到确定你的赛道，确定自己的方向。然后就是"结硬寨，打呆仗"，一定要每天都发，跟自己的粉丝达成一个共识，定时定点地出来表达自己的观点，表达自己的专业性。

第四，请你屏蔽那些负面的声音。当你开始打造个人品牌，公开出现在公众视野时，你那些曾经的好朋友，甚至非常亲近的人，大概率会对你说风凉话，尤其是当他们看不懂你的商业模式的时候，还会觉得你变了。

但这些都没关系，你要克服那些负能量，忽略那些反对的声音，坚定地专注于重要的事情。

祝你成功。

AI 让你的技能指数型爆发

我写过一本书，叫《请远离消耗你的人》。在一次营销会上，我和这本书的主编聊过这个话题：什么样的人会消耗你，什么样的人能滋养你？

我们聊了一个多小时，最后得出的结论是：当你做事或见人时，要问自己的能量是越来越强还是越来越弱。如果越来越强，说明对方在滋养你。因为他给予了你鼓励、包容和信任；如果他总是打压、鄙视你，挑你的错，让你的能量越来越弱，那对方就是在消耗你。

我们总结了两条结论：第一，人是能量体，能量的高低决定这个人的生活质量和看待现在与未来的态度。第二，请务必远离消耗你的人。所以，我们当时把书名定为《请远离消耗你的人》。

这本书卖得很好，很多人说从中得到了启发。但我想告诉你，在走入社会之后，你会遇到很多人，经历很多事。在你遇到这些人和事时，先别急着做决定，也不要太担忧，可以找个角落问自己一个问题：这些事是在消耗我，还是在滋养我？

要把能量和注意力集中在那些能让你变得更好的人和事上。

举个例子，你是否有过这样的感受？工作一整天，看似忙忙碌碌却疲倦万分，严重内耗，甚至开始怀疑人生。这是因为你的工作在消耗你。

如果你的工作具备以下特点，请你抓紧时间远离：每天都一模一样，工作内容无限重复，没有任何改变，今天跟昨天一样，昨天和前天一样。这样的工作会让你觉得很累，没有成长，也没有前途。而且这类工作迟早会被人工智能取代，只是时间问题。

很多人会说，做这样的工作不就是为了活着吗？好，即便如此，也请给自己树立一个目标和时间底线，最迟什么时候必须离开这个工作岗位，否则这样的工作会吞噬你，让你最终无法脱身。

同样，还有类似的关系，也一定要下定决心远离。我特别喜欢马斯克的母亲梅耶·马斯克写过的一本书，叫《人生由你》。她有三个孩子，当她意识到虽然自己根本离不开这个家庭，但和老公离婚是必须做的事情时，她并没有抱怨，而是下定决心给自己一个期限。在这个期限里，想尽一切办法离开这段关系。果然，她离开了这段关系之后，不仅把自己活成了别人心目中想要的样子，还把三个孩子培养得很优秀：第一个孩子，埃隆·马斯克，不用多介绍；次子金巴尔·马斯克是一位成功的企业家和厨师，创立了多家餐厅和非营利组织；女儿托斯卡·马斯克是一位著名的导演制片人，还创立了自己的平台。

由此可见，远离消耗你的人和事是多么重要。

当然，正在看这本书的你可能初入职场，还处于一个朋友不多的阶段，也不知道该如何筛选朋友。我的建议是不要急于社交，先让自己变得更优秀一些。**真正的朋友是靠吸引来的，不是靠刻意结交的。**当你还不优秀的时候，社交往往是流于表面的点赞之交，你给别人点赞，而别人根本想不到你。当你足够优秀，自然会吸引到志同道合的朋友。

我经常查看自己各种社交媒体账号的后台数据，看到留言里有人骂我，有人夸我。作为一个网红，最痛苦的事莫过于此——你每天会收到不同的人对你的评价。早年我会认真回复那些批评我的人，因为我觉得他们对我有误解。但现在我选择不再理会，而是在那些夸我的人那儿多停留一段时间。

骂你的人，你千万不要理，因为你理他只会消耗自己的能量。有些躲在键盘后面的甚至不是真人，而是机器和算法。为什么要跟它吵来吵去呢？**你要把专注力集中在能滋养你的人和工作上，不要被这些无聊的事情分散精力。**

我再告诉你一个方法，关于如何筛选朋友。如果你的朋友具备以下几个特点，请你远离他：充满负能量，对谁都不满；与他交谈非常费力，在他面前无法做真实的自己，每次开口都需要刻意找话题；他习惯打压他人……这样的人请你务必警惕。

如果你与这样的人关系密切,他很可能会不知不觉成为你的天花板。人和事都是如此,日积月累,你的上限就会被他所限制。

我也认识一个这样的朋友,虽然他在行业内很有名,但相处起来很累。之所以很累,是因为他说话别人不能反驳,批评时你只能听着。作为江湖上的老炮,只要他开口,别人就必须赞美夸赞,这样他才会高兴。慢慢地,我发现自己的写作风格和表达方式都被他影响了,我开始变得越来越像他,却始终超越不了他。

心理学上有个著名的跳蚤实验。当你把跳蚤放在一个有盖的瓶子里,它们会习惯性地跳到瓶盖的高度,因为被阻挡而下落,而不是跳到它们最大能力所及的高度。即使后来移除瓶盖,这些跳蚤仍然只会跳到之前瓶盖的高度,尽管它们实际上可以跳得更高。这告诉我们:跳蚤在一段时间内被限制后,会产生一种习惯或心理上的自我限制,即使外部限制已经消失。这种现象人其实跟跳蚤非常像。

当个体或群体经历过某些限制后,即使这些限制被移除,他们仍然会继续表现出受到限制的行为。这种现象可以用来讨论很多话题:教育、社会环境、人际关系、工作等诸多领域,个人或群体的行为都会受到这种"瓶盖"的影响,这在生物进化过程中也是如此。

就像我在新东方时的一位老师,他教了八年考研翻译,去美国时发了条朋友圈,说自己教了八年考研翻译,现在却发现英语水平越来越差,只会使用考研翻译中的那些词汇了。直到他离开新东方，去做真正热爱的事情，才慢慢走出这个困境。

所以这一节，我想跟你介绍一下这些年对我帮助很大的四个字：**专注优势**。我们常说"短板效应"——木桶能盛多少水取决于最短的那块木板。但其实你把木桶翻转过来，就能盛更多的水。这个世界真正看重的不是你的短板，而是你的优势。未来更需要的是"一专多能"人才。你需要有一个极其突出的专长，这专长要非常长，其他技能也都会一点。这种人才是时代需要的。

就像我，我一直有一个很厉害的专长，就是语言表达能力。无论是中文还是英文，只要我坐在书桌前，就能迸发出惊人的创作力。不要再过分关注你的短板，因为短板可以通过与他人合作的方式连接到别人的长板，从而打消掉你短板的缺点和劣势。

如果你现在正处于颓废期，又没有找到自己的长板，我给你分享一个方法，可以帮你快速找回优势。请你拿出一张纸，坐在一个不会被打扰的环境里，问自己这样几个问题：

　　1. 每天早上你在做什么？记住，是早上，因为早上的行为习惯往往决定着你的未来。

　　2. 在过去的几个月里，别人找你最多的是什么事？越具体越好。

　　3. 在过去很长一段时间里，有没有你特别喜欢的事情？你想做什么？在做这件事时，你会觉得自己越来越好。

请详细地问自己这三个问题。可以每天问，持续问，问着问着你就会知道自己喜欢什么样的生活，未来希望过上什么样的生活，这个专长也就越来越清晰了。

当你找到这个专长时，接下来必须学会的是将技能与 AI 相结合。**如果你确定这是你的专长，想要不断打磨它，甚至未来想要靠它吃饭，请你一定要用好 AI**。现在硅谷已经有很多这样的教育模式。你知道终点，也知道现在的起点，但对这个过程可能还不够清楚。你可以通过不断向 AI 发问，找到实现目标的路径。我在硅谷遇到过一个小姑娘，她未来想成为排球高手。她问了 AI 以下几个问题：

1. 如何制订一个适合自己的训练计划？
2. 我该如何提高自己的技术和技能？
3. 我该如何增强自己的体能和力量？
4. 我该如何在心理上为比赛做好准备？
5. 我该如何平衡学业跟排球训练？
6. 我需要什么样的装备和营养？
7. 我该如何跟教练以及队友合作？

这些问题看似简单且方向性很强，但随着你不停地发问，AI 能帮你精确规划每一天需要做什么。问题越具体越好。然后，你需要制订一周、一个月和一年的计划，细化到每天早上、下午和晚上的具体安排。在这个学习过程中，你的优势会越来越明显。当你开始专注于你的优势，就会变得越来越强大。

这里，我要跟你分享一个新时代特别重要的能力——**屏蔽能力**。

所谓专注，就是要屏蔽那些与目标毫无关系的事情、人和信息。对我而言，每周都会有1~2天的断社交时间，不看手机，不看任何消息。说实话，手机太好玩了，一拿起来真的放不下。但你必须有一两天把自己放在一个固定地方，享受大自然，关注内心深处，不要看手机。有没有发现，其实大多数的内耗都是电子产品给你带来的？一旦远离电子产品，只带一本书或只身深入大自然，就能马上进入深度思考的环境。

这也是深度思考的重要方法。

请不要低估深度思考和专注的价值，它们是成就一切的基础。**专注会让你的技能实现指数型的爆发。**每次当我决定数字戒断、断社交，并开始深入思考时，我都会找一个安静没人的地方，戴上防噪声耳塞（建议一定要买一个防噪声耳机），拿一张纸写下接下来的计划。这样的效率会出奇地高，方向也会出奇地准。

你会把所有的注意力集中在自己的长处和优势上，慢慢开始主动设计自己的生活，而不是被生活拖着走。

请你相信，生活就像弹簧。如果不去有计划地压它、放大它，它就会跟着心情走。一个人一旦跟着心情走，就会被生活拖着走，逐渐失去对生活的掌控。安静下来，远离人群，专注于优势，尊重创造力，不要被生活拖着走，因为那是最痛苦的。

你是不是也有过这样的情况？半夜有无数的想法和思考，早上起来却走回原路。长期自我厌恶、经常犹豫不决、后悔过去、焦虑未来、习惯性拖延，还有最致命的痛苦——过分在意他人的看法。今天这句话说错了，怎么能这样说呢？昨天那件事要是那样做就好了。这其实都是因为无数无关信息涌入你脑海中，而你的屏蔽能力很差带来的必然结果。

在这节末尾，我还想跟你分享5个提高屏蔽能力的方法，希望你今天就能开始实践。因为人的注意力是有限的，你必须把能量和注意力放到那些真正重要的事情上。

1. 每周给自己1～2天的独处时间

不看手机，远离诱因。请不要小看这1～2天远离手机的时间。大多数普通人都难以摆脱数字媒体的束缚，但我相信你可以努力做到这一点，至少给自己设立一个理想的目标。

2. 直接拒绝不喜欢的人和事情

不要觉得不好意思，这是你的权利。几天前有一个编辑找我推荐书。我不认识这个人，但我有个特点，就是关于书的事情我都会帮忙，毕竟自己也写书。但这个人要看我后台的数据，他说："有没有什么书卖得好，能不能把那个数据发给我看？"这完全越界了，所以我非常理性地回答了三个字："不方便。"之后他给我发信息，我回复得很慢，有时候就不回了。因为我又不认识他，为什么要回复？再之后他跟我说话就非常客气了。

你看，一个人尊重你，并不是因为你低三下四，而是因为你会说"不"，你知道拒绝，你值得被尊重。

3. 培养兴趣，专注兴趣

如果你还不知道自己的兴趣和长处在哪里，请参考我之前写的文章，我也会在本书第二章中讲到如何培养爱好。

4. 刻意锻炼自己的专注力

读书、运动、写作，都是可以培养专注力的方式。你可以从坚持 10 分钟开始，慢慢延长到 20 分钟、30 分钟、1 小时。我就是这样，每天早上雷打不动地坐在书桌旁 30 分钟到 1 小时，开始可能只写一两千字，但会越写越多。

5. 让自己忙起来

行动，行动，行动，行动胜于一切。

未来一切都是体验优先

我先问你一个问题：如果未来知识会贬值，教育的本质是什么？或者说，什么样的教育才最有效？不妨在这里停顿两秒，好好思考。

好了，我来给出答案——**体验式教育**。

想一想，如果我教你一个英文单词，让你背下来，你能记住吗？可能多背几遍最后能记住。但什么时候你会记得特别快、特别牢？答案只有一个：当你使用它的时候。当你用过这个单词，它就像和你产生了某种化学反应，记忆变得异常深刻。

我后来才明白，这就是体验式教育的核心。如果学到的知识没有经过实践，只是空洞的记忆，它很难真正进入你的大脑。

小时候，我读过很多书。熟悉我的人应该知道，我读过的书数不胜数。但真正进入我灵魂深处的书其实很少，因为很多知识只是划过表面，无法形成深刻印象。有段时间我做读书会，团队要求每周讲一本书，这对我压力很大。需要一周看很多书，从中筛选好书再讲解。一年下来，可能看了三四百本书，但若问我记住了哪些，或哪些触动了内心，可能一年也就那么一两本。因为没有体验，知识就显得空洞。

这让我意识到，体验是最有效的学习方式。**未来的教育，最重要的是让人去体验。你所经历和体验的一切，都是人生给予的课题，都是你能承受的，否则不会降临到你身上。**

在温哥华时，我认识了一位私立学校的校长，我俩聊得很投机。他问我："尚龙，你怎么理解体验式教育？"我讲了我的读书经历，以及来到温哥华后，虽然看书少了，但感受更深刻了。他点头说："让我带你看看什么是真正的体验式教育。"于是，他带我去参观了他们的飞行员俱乐部，和十一年级的学生一起登上直升机。

他带我们飞上天空，俯瞰蓝天白云、辽阔海洋和绿色森林。我以为这只是一次飞行体验，但事实并非如此。物理老师也在飞机上，在和飞行员交流后，飞行员突然减慢螺旋桨速度，直升机迅速下坠十几米，随后又稳定下来。所有学生都吓了一跳。这时，物理老师平静地说："记住这种感觉，这就是重力。"那一刻，我永远难忘。

下机后，学生们热烈讨论，好奇飞机为何突然下坠，是技术问题还是刻意安排。

随后，物理老师在教室里第一次讲到了重力加速度 9.8 米每二次方秒时，学生们瞬间明白了，记忆深刻。而对我来说，这样的教育方式让我意识到，原来我们常用的死记硬背的学习方式远不如亲身体验。

一个月后，校长告诉我，两个学生因为这次飞行体验决定将来当飞行员，还有一个学生立志成为物理学家。这个案例给了我很大启发，展示了体验式教育的力量。

我参观过很多世界名校，发现它们的教育有个共同点：**不只是灌输知识，而是让学生去体验和解决问题。**

世界上的名校几乎都有一门课，叫作社会实践课（Field Trip），目的是通过亲身经历解决问题。比如，圣地亚哥的High Tech High学校，学生参与设计智能垃圾桶项目，研究如何自动分拣可回收废物。通过这个过程，他们学习了编程、团队合作和环保知识。这不是传统书本教育，而是通过实践学会解决问题。

在这样的学习过程中，学生学到了很多课本上学不到的东西。体验式教育的核心，就是让你在真实场景中解决问题，并在过程中获取知识。如果不会某事就去学，没有资源就去找。这个过程本身就是最好的学习。

类似地，还有马里兰大学商学院的一位教授让学生到社区帮助一家濒临倒闭的餐厅。他们帮助餐厅做财务分析、改善管理，最终使餐厅收入增长20%。在整个过程中，这些学生学到了市场营销、财务管理等实用技能。这些经历比课堂知识更有价值，因为他们亲自参与了实践。

体验教育是未来教育的方向。而对于我们每个人来说，人生的每一步都是一种体验。

体验式教育不限于课堂，还适用于我们的人生。你经历的挫折、困难，都是人生的体验。没有什么是你承受不了的，因为你已经在体验它了。就像我，从大学退学到创业，再到如今来加拿大留学，一直在体验不同的人生阶段。我明白，人生就是体验。**每个挫折、每段经历，都是你生命的一部分，都在塑造着你。**

所以，要多去体验。走出舒适圈，认识更多人，了解更多地方，尝试不同事物。所有你无法理解的伤痛与挫折，都是人生的体验，最终会成为你成长的一部分。

无论现在经历着什么，请告诉自己：这只是人生体验的一部分，你扛得住。哪怕眼前困难再大，最终都会成为你人生中的一个章节。当你能将痛苦视为体验，心态就会轻松很多。

人生，就是一张体验卡。每一次的挫折、每一次的经历，都会让你成为更好的人。

所以回到这一节开头的问题——在未来，当知识不再稀缺时，教育的本质就是体验。而我们每个人的生命历程，也由无数次体验组成。最重要的，不是我们学到了多少，而是我们体验了多少。

健康是稳赚不赔的投资

巴菲特曾经问他的助手一个问题："你知道40年前卖得最好的巧克力是什么吗？"答案是士力架。接着他又问："你知道现在卖得最好的巧克力是什么吗？"答案依然是士力架。

巴菲特有一个投资理念深深启发了我：**与其去追求那些变化不定的东西，不如去追求那些确定的东西**。在瞬息万变的时代，重要的不是预测风口，而是发现恒定不变的价值。

那么，未来10年什么是不变的？或者说，什么是稳赚不赔的投资？答案只有一个：投资自己。未来10年，务必确保拥有一个健康的身体。

在这一节，我将从科学角度分享如何保持健康。简而言之，你需要做到四件事，这四件事的排序依次越来越重要。

第一，持续锻炼身体。

我的建议是：一定要有一个持续的、科学的锻炼计划，并设定明确的目标。这里推荐一个方法——SMART 原则：Specific（具体的）、Measurable（可量化的）、Achievable（可实现的）、Relevant（相关性高的）、Time-bound（有时间限制的）。比如，跑步、骑行、游泳等运动，每周可以安排 3～5 次，每次 30～60 分钟，这些运动有利于保持健康、减脂，而力量训练、瑜伽等则可以塑形，让你看起来状态更好。

我很爱跑步，因为跑步让我感觉很舒服，这项投资稳赚不赔。

我也曾经历"坚持不下来"的困扰。2020 年，我决定开始跑步，当时演员肖央正在拍《误杀 1》，他刚爱上跑步，带着我一起跑，把我累得够呛。那是一个美好的冬天，朝阳公园的落叶几乎掉光了，我们戴着手套和帽子开始跑步。起初，每跑一两公里我就上气不接下气，身体疲惫不堪，心里也产生过放弃的念头。但他告诉我，要循序渐进，每天多坚持一点点，把跑步变成习惯。后来他进组拍戏，我们开始云跑步，我给自己设定小目标，比如第一周跑 3 次，每次 2 公里，然后逐渐增加到 3 公里、5 公里、10 公里……就这样一点点突破了自己。

我记得特别清楚，跑了 100 公里的那天，我真正爱上了跑步。随后，我竟完成了 4000 公里的累计里程！跑步彻底改变了当时颓废的我。每天迎着朝阳跑步时，焦虑和压力似乎都被汗水带走了，身体的变化也带来极大的成就感。跑步不仅让我更健康，还培养了自律精神和坚持的能力。

所以，我特别想告诉你：不要轻易放弃。锻炼的意义不仅在于健康，还在于能带来全新的生活方式。你会发现，原来自己能跑得更远，也能走得更长。

后来，他陪我跑步的时候，每次都会说："放慢速度，别那么在乎配速。"

第二，改善饮食。

我写过轻断食，建议大家不要吃太饱。因为人一旦吃得过饱，容易犯困，思维也会变慢。人类的哲学思考和童话故事，往往诞生于饥饿时刻。

关于饮食，最重要的是营养均衡。我的建议是：不要只吃一类食物，什么都应该吃一些。蔬菜、水果、全谷物、瘦肉、鱼类都要摄入。我们称之为"地中海饮食"，因为它富含不饱和脂肪、纤维、植物蛋白和抗氧化物，被公认为有助于心脏健康和降低慢性病风险。

我曾经亲身实践改变饮食的好处。记得在某个阶段决心减重时，我3个月就减了20斤。当时，我并没有选择极端节食，而是开始有意识地关注饮食习惯，比如放慢进食速度，让每一口都更有意识，细嚼慢咽。这不仅让我更容易有饱腹感，而且自然减少了进食量。

我还特别注重均衡地摄入营养，避免暴饮暴食，同时减少糖、油、盐的摄入。比如，把主食换成糙米或全麦面包，增加蔬菜和优质蛋白质的比例。3个月后，我的体重就下降了很多，身体变轻，精神状态也变得更好了。我深刻感受到，一旦"有意识"地进食，身体就会给出正面的反馈。

世界卫生组织（WHO）建议成年人每天摄入400克以上的水果和蔬菜，这有助于预防慢性病。全麦面包、糙米、燕麦片富含纤维，有助于消化，并降低心血管疾病和2型糖尿病风险。瘦肉、鱼类、豆类、坚果则提供人体必需的氨基酸。

记住两点：第一，不要吃太饱；第二，营养均衡，什么都吃。另外，多喝水，少吃糖、少油、少盐。这几点如果做到，饮食就已经相当健康了。

推荐两本对我启发很大的书：《轻断食：正在横扫全球的瘦身革命》和《谷物大脑》。此外，还有三本书也很不错：《营养圣经》《DK地中海饮食：新鲜健康的每日食谱》《食物的真相》。

第三，睡好觉。

我有个特点，就是无论发生多大的事，只要天没塌下来，我都会先让自己睡觉。每天雷打不动，至少睡够7小时，只有这样才能保持精力充沛，这是我的生存之道。无论遇到什么麻烦，先睡好觉。

这里推荐一本书：《睡个好觉：斯坦福高效睡眠法》。书中提到了"黄金90分钟睡眠法则"：如果无法保证充足的睡眠，一定要确保前90分钟的睡眠质量。这90分钟如果睡好了，效果相当于睡了七八个小时。如果习惯午休，时间尽量控制在20分钟以内。睡前要避免剧烈运动和咖啡因摄入，可以通过读书、写作来放松心情，同时避免接触蓝光，确保卧室环境安静、黑暗、凉爽。

第四,保持心情愉快。

我经常跟大家讲,一个人的心情愉快与否,不取决于他遇到了什么事情,而在于他如何看待这件事。比如,当遇到糟糕的事,难道不是上天给你启示,或者让你获得成长的机会吗?以乐观的心态看待世界,心情自然会好很多。

这里我也讲一个自己的小故事。有一天,我正在刷手机,突然看到有人在网上骂我,而且用词相当激烈。起初我有些生气,想要解释,但随后我停下来,反而笑了——看着这些出乎意料的"批评艺术",倒像是在观赏一场脱口秀表演。这种独特的情绪表达方式,难道不值得一句"感谢你今天让我乐了"吗?

后来,我脑补了一场奇妙的对话:

"你为什么这么生气?"

"因为你写得不好!"

"哦,那请问你看了这么多,还能顺便纠正一下错别字吗?"

转念一想,我为什么要被不相干的人影响自己的情绪呢?于是,我放下手机,出去跑了一圈,呼吸新鲜空气,心情瞬间轻松了。那天我还自己总结了一句"鸡汤":不认识的人说的话,就像陌生人掉在地上的东西,你捡起来,图啥?

这件事之后,我给自己定了一个原则:**如果有人批评我,我只听"有道理的部分",剩下的,就当看了一场免费喜剧节目。**世界那么大,总会有一些奇奇怪怪的声音,你无法左右他人说什么，但你的心情完全掌握在自己手里。

我相信，未来 10 年你与同龄人之间拉开差距的关键就在于保持身体健康。如果你所做的能符合这四条原则，即使无法跑得比别人快，也能走得比别人远。

我很庆幸自己在 20 多岁就养成了运动、健康饮食、规律作息和保持心情愉快的好习惯。如果没有这些，我到了 30 多岁可能就已经力不从心。正是这种相对自律的生活方式，让我能够走得更远、更持久。

人与人最终拼的不是短跑，而是一场持续的马拉松。愿你在未来 10 年保持健康、快乐和积极的心态，越来越好。

允许自己 Gap Year

Gap Year 到底是什么？

这个词来自西方。当一个人遇到瓶颈，或者出于某种原因想要暂时停下脚步时，就会选择 Gap Year。

如果你现在工作不顺利，或者心情不好，都可以尝试去做一些改变。我身边有好多人在年轻的时候选择了 Gap Year，有考研失败 Gap Year 的，也有工作迷茫 Gap Year 的，但我觉得并不一定要等到人生遇到挫折，才去尝试 Gap Year。**任何时候，只要你觉得前方可能不是康庄大道，就可以选择逆社会时钟，去做一些你想做的事。**比方说我身边有人去农场体验生活，有人在家陪伴父母培养感情，或者休学一年尝试自由职业。

整个 2023 年，我的工作都趋于饱和。我预见到，未来几年自己就算拼了命，也大概率不会再有大的飞跃。于是我决定在 2024 年开启 Gap Year，去多伦多大学读研究生。我选了一个与过去经历比较远的专业——人工智能。现在你可以看到，正是这个决定，让我有了今天持续不断地输出和完全不同以往的表达方式。

我到多伦多的第一个月，就把自己完全放空了，我的创造力开始无限膨胀。视频号在三个月内做到了100万粉丝，抖音从原来三年积累的20万粉丝，在三个月内飙升到50万。那时我才明白，人一定要让自己放松下来，才能激发创新力。

换一个城市，换一个国家，换一个环境，换一群身边的人，都能提升你的战斗力。

卷是没用的。**未来的时代，年轻朋友一定要记住：卷一点用都没有，那只是低效的努力。**如果不去思考战略方向，不让自己放松下来审视前进的方向，只在战术上勤奋，其实是在偷懒。未来，你必须有创新力，要有从0到1的能力。

也有人把 Gap Year 翻译成空窗期。对很多在中国长大的学生来说，空窗期是很难想象的。很多家长一听到孩子想有一年时间什么都不做，第一反应就是一巴掌扇过去，说："你是想混日子吗？你到底想干什么？"但在其他国家，这很常见。经历半年到一年的调整期，反而能更好地找到方向。

乔布斯在遇到事业瓶颈后选择禅修，七个月后回到现实，决定创立苹果公司。萨姆·奥尔特曼卖掉公司后，也曾迷茫了一段时间，于是决定休息一年。用他的话说，每次参加社交活动，别人问他在做什么，他说自己在空窗期，所有人看他的眼神都变了。但正是这一年，他决定创办 OpenAI，才有了后来的

ChatGPT。

很多人为什么不敢有 Gap Year？是因为我们这一生特别在乎什么时间该做什么事，所以我们火急火燎地在小学学初中的课，初中学高中的课，高中就开始准备大学的课，大学毕业后又急着结婚生子。直到结婚生孩子后才发现，原来没有一天在做自己真正想做的事，也没有一件事是符合自己意愿和理想的。

我每次刷抖音都特别焦虑，因为似乎每个 K12 的老师都在强调：一年级很重要；二年级很重要；三年级很重要……

现在，随着老年人越来越多，老年大学的项目也越来越多，课程里甚至出现了"60 岁很重要""70 岁很重要"。我就想问：哪一年不重要？

在这种焦虑状态下，每个人都觉得休假一年就是浪费时间。但其实完全没有必要这样想。有人担心休假一年后求职时，面试官会追问这一年做了什么。如果答不上来，就找不到工作。但如果一个面试官纠结于这个问题，恰恰说明这份工作本身就缺乏价值。

更何况，休假一年之后，你就会明白仅靠打工是无法实现财富自由的。过度劳累的工作只会让人越来越疲惫，越来越顺从，最终失去自我。你也会慢慢明白，工作随时都可以做，但能让自己幸福地放空一年，是一件多么珍贵的事。

所以我在此就不多说了。我相信，你应该很清楚 Gap Year 的重要性。接下来，我想分享一下我的看法和建议。

第一，任何时间都可以 Gap Year。

Gap Year 可以在高中毕业进行，也可以在大学毕业进行，或者不一定要在毕业时进行。工作之后，你也可以 Gap Year，回来之后没有这份工作也没关系，说不定有更好的在等着你。没有人规定什么时间必须完成什么事。

未来是终身学习的时代，我们不该把自己局限在固定的工作模式中。比如我作为一名内容创作者，不会把自己束缚在朝九晚五的工作制度里。有时一个想法在深夜涌现，我会立即打开电脑记录和创作；有时早起思维特别清晰，我就利用清晨的宁静专注写作。在创作的间隙，我会阅读各类新书，学习不同领域的知识，这些都转化为创作的养分。正是这种灵活的工作方式和持续学习的状态，让我能不断产出有价值的内容。

所以你在任何时间都可以进行 Gap Year，关键不在于具体的时间，而是当你觉得过不去、遇到瓶颈、学不进去的时候，或者感觉自我认知出现问题，找不到自己的时候。这时候你就停下来，不要等，要立刻停下来。

有时候，停下来比继续奔跑要聪明得多。我不是鼓励大家不奔跑，而是要先把方向选对。如果方向错了，越跑越偏，跑到后面就是死胡同，还得跑出来。那时年纪已经大了，跑不动了。

还有很多人说："我没有钱。"你看，这就是我之前总跟大家讲的存钱重要的原因。如果你现在一分钱都没有，就说明过去很长一段时间你的生活方式和节奏是有问题的。这种生活方式别说想 Gap Year 一年了，可能 10 天都撑不住。为什么要把自己活成这样呢？应该想办法去修复一下自己。

第二，无论如何，走出去。

一个人看见的世界决定了这个人能走多远。如果你在一个小城、小镇或者乡村，生活时间太长了，你根本不敢相信外面的世界有多大。人就是因为走出去，眼界才宽了，思想才宽了。

我 18 岁时去了北京，之后也去过世界很多地方，但从来没有在一个地方住过一段时间。在北京那段时间，我无比焦虑。每天都有各种各样的人请我吃饭、喝酒。我有时候特别诧异，我也不缺钱，为什么这么焦虑？

后来我明白了，当你陷入一种恶性循环，每天都重复相同的事，别人的焦虑就会传递给你。如果你不换圈子，就永远被这种焦虑控制。所以我逼着自己退出身边最熟悉的社交圈，远走他乡。

到了加拿大之后，我在第一个月是兴奋的，第二个月开始过上了一种安稳的生活。白天在图书馆写作、看书，下午跑步，晚上陪家人，早早睡觉。我突然发现，其实自己不用总是那么拼命。

最重要的是，我认识了一些新朋友，他们给了我很多不同的启发。他们来自全世界，思维不局限于一个维度，和他们交流多了，我的思路也被打开了。我现在一点也不焦虑，每天无论谁紧急打电话找我，我都像听不到一样。但我都会在第二天心情舒畅的时候回复邮件或信息。我的生活看起来没有任何变化，收入也没有减少，但状态反而更好了。

所以走出去特别关键。我说的走出去，不仅是指物理上的走出去，关键是心态上也要走出去。

第三，提前做好准备。

当你看完这一节，脑子里萌生了 Gap Year 的想法，先恭喜你！我再声明一下，未来如果你真的决定 Gap Year，你一定会感谢现在的自己。到时候请你帮我把这本书推荐给更多人，让他们也有机会改变自己。

不过，当你萌生了 Gap Year 的想法，记住要提前做好准备，有存款很重要。如果你决定 Gap Year，先算一下半年或一年最低的生活成本，包括来回的机票、火车票和住宿费用。不用担心，实际上费用并不高。只要你会查攻略，善用人工智能帮你搜集一些低成本的生活方式，就不会有太大问题。这个世界不会让你无路可走。

除了这些，还要提前思考你的最低生活标准，以及这一年里你想要的新方向。是不是想写本书？有没有哪些好书一直想看却没时间看？有没有什么事一直想做？有没有什么人一直想见？有没有什么地方一直想去，但出于各种原因没能实现？

把这些想法当成 Gap Year 的理想和目标，你会感谢那个有勇气改变的自己。

资本是怎么左右你的审美的

这一节我要和大家讲外貌焦虑。这是当代年轻人特别担心的事情，担心自己变黑，担心自己变丑，担心自己个子不够高，担心自己脸上起了皱纹。这些担心听起来很有道理。

为了让自己变美，很多人不惜一切代价。但是请恕我直言，**这种外貌焦虑和年龄焦虑，本质上都来自资本的操控**。那些一味追求美貌、帅气、不老的人也并没有多酷。甚至我想说，如果你看完这一节，你可能会清晰地看到资本是如何改变你的观念的。

长期以来，大家会把"白、幼、瘦"当成美的标准。但仔细想想，这三个标准与古代中国人的审美并不相同。作为黄种人，为什么我们一定要追求白而不是黑呢？有人会说："这不是很正常吗？谁会追求黑呢？"

在不同的文化背景下，人们对美的理解是丰富多样的。比如在一些度假胜地，你会看到有人享受阳光浴，追求自然健康的古铜色肤色；也有人偏爱保持较浅的肤色。

所以，美并没有单一的归类或划分，每个人都可以有自己对美的理解和追求，肤色的深浅本身并不能决定什么是美，重要的是找到适合自己、让自己感到自信的方式。那为什么"年轻"又一定等于美？人难免会老去，但我们为何总觉得年轻就是美？现在不知有多少三四十岁的人每天坚持敷面膜、补水保湿，甚至进行医美手术，只为让自己显得年轻些。

但是，你看梅耶·马斯克，看看董明珠，或是在加拿大街头那些开着跑车的老头儿、戴着墨镜的老太太，难道不也是一种美吗？我们是从什么时候开始把年轻等同于美的？

当你开始思考这两个问题，就已经在重新定义和思考美与审美了。

接下来，继续跟着我的逻辑思考：为什么瘦是美？古代并非一直以瘦为美。在杨贵妃所处的时代，丰满才代表美。如今在国外，很多人也认为胖是一种美，是一种匀称。瘦是从何时开始成为美的标准？"反手摸肚脐"又是从什么时候开始成为美的象征？

我想，你已经开始产生疑问了。我们的审美为何变得如此统一？答案很简单：**让你变白、变瘦、变幼是反人性的，不仅如此，还需要花费大量金钱。**中国人本就肤色偏黄，想要变白很难，就需要花很多的钱。相比之下，想要变黑却很容易，在沙滩上晒一晒就行。正因为变白困难，才会有众多美白产品等着消费者购买，商家自然能挣得盆满钵满。

至于"幼"，一旦被定义为美，就能刺激人们购买各种抗衰老、护肤产品。因为人如果不做任何护理，会日渐衰老。而这些产品，哪一样不需要投入大量金钱？

再说"瘦是美"。你知道减肥产业有多赚钱吗？就连最基础的减肥课程、食谱制作，都能造就不少百万甚至千万富翁。更不用说那些物理减肥、抽脂手术、减肥药品的庞大市场了。换言之，只要你有外貌焦虑，医美公司、保险公司就能从中获利。

你知道我国有多少医美公司已经上市了吗？有多少医美公司拥有几百上千人的团队？其中最重要的就是销售和宣传部门。宣传部门的职责就是制造焦虑，一旦你产生了年龄焦虑、外貌焦虑，他们就会适时推出解决方案。想了解吗？那就需要花钱购买他们的产品了。

我在美国有个白人朋友，他的妻子是四川人。他总说他妻子美若天仙，性格也好，让我觉得他是不是占据了我们的"审美份额"。但有次去他们家，发现他妻子按传统审美标准很普通：眼睛小，脸上有颗痣，肤色偏黑。当然，这样评价他人不太恰当，但确实与主流审美相去甚远。

那天晚上我们聊了很久，我才发现自己的审美被资本左右了。当广告上出现的都是双眼皮模特时，你自然会觉得丹凤眼不好看；当模特都是黄头发，你会觉得黑头发不好看；当所有报纸、杂志、电视、网络上的美女都是"白瘦幼"时，你不可能认为与之相反的特征是美的。**我们的审美被大众审美标准控制了，而这个标准又被资本家控制着。**

这些年越来越多普通人开始追求极致的瘦，连男性也效仿女性，让自己变得特别瘦。

写到这里，我想起第二个故事。每次讲这个故事都有些顾虑，因为它既反直觉，又可能得罪人，特别是商家。但既然这是一本要给年轻人掏心窝子的书，一本能启发思考的书，该讲的我还是要讲的。

我先说一个人，著名的俄裔美籍作家纳博科夫。1952年，他创作了不朽名作《洛丽塔》。如果你读过这部作品，就会发现其中有个经典戏剧结构——大叔与小女孩。这个人物设定后来影响了许多电影，比如《这个杀手不太冷》。我读过《洛丽塔》多遍，始终不明白为何它会被全球禁止。除了其中的恋童癖元素，作者本人也对此进行了批判。

后来我从一个网站了解到，美国曾实施一个著名的"去雄计划"，发起人是喜多川。当时，美国占领日本后发现这是块难啃的骨头，很多日本人对美国的价值观和统治深感不满。于是成立了杰尼斯事务所（其实就是现在的娱乐公司），他们通过包装和宣传，最重要的是推出美少年天团、木村拓哉和少年队（可看作TFBOYS、小虎队的参考原型）。

通过这些选秀节目，美少男们逐渐走红，资本开始大规模进入，不断推广这些被"去雄"的年轻男孩，让少女们为他们投票。慢慢地，这些人成为时代偶像。电视中只能看到这类人物，他们也变成了一代人的理想。在潜移默化中，人们的审美被改变了。

虽然纳博科夫的《洛丽塔》在北美被禁，但在日本却风靡一时，那个时候日本人甚至把矮小的女孩儿统称为"萝莉"，这个词沿用至今。

当美国资本逐渐介入日本的审美领域时，日本的审美发生了变化。他们开始将"小"和"矮"视为美，视为"萝莉"。无论男女，只要身材小、矮、瘦，就被认为是美的。在媒体中，萝莉成为日本典型的主流审美，甚至出现了许多控制孕妇体重的论文，认为孕妇太胖会生出不够美的孩子。因此，日本曾有很长一段时间，连新生儿都比其他地方的婴儿偏小。

"白、幼、瘦"成为主流审美，与西方推崇的高大健美形成鲜明对比。连男性的审美标准也改变了，女性身高超过1.6米就被视为不够美，1.7米的人则被称为"怪兽"。

短短几十年间，日本的审美发生了转变，开始推崇花美男和小鲜肉。我们熟知的《流星花园》版权就源自日本，"F4"这个词也最早来自日本。后来台湾引进这个模式，我国编剧汪海林改编成了《一起来看流星雨》。

当"白、幼、瘦"成为唯一审美标准时，日本的"去雄"运动就开始并延续至今。很多人认为日本人身材矮小是基因使然，却未想过基因也会受到资本的影响。

当矮小、幼态的人能获得更多社会资源和资本时，整个社会就会朝这个方向发展。个子矮、小、白的人更容易找到伴侣，传递基因。在这种审美影响下，整个民族就会变得相对虚弱，也不太可能再有高大强壮的人去挑战所谓的文化权威。

"萝莉"一直是日本的主流词汇。随后，韩国复制了日本的商业模式，并且更进一步。作为依靠娱乐业发展的国家，韩国在各个方面都追求极致。他们的女团、男团成了"白幼瘦"审美的最佳载体。

1999年，我9岁时，记得台湾歌手都在唱《韩流来袭》之类的歌，韩流迅速席卷中国。女孩们开始追求幼、白、瘦的形象，男生们则变得越来越"柔美"。那时，男生把头发留得很长，留成后来F4的样子，形成一种潮流。尽管学校老师三令五申禁止这种发型，但男生们还是偷偷效仿古惑仔、陈浩民的造型。

为什么会这样？因为有大量媒体推波助澜，湖南卫视就是制造这种单一美学的主要倡导者之一。他们制作了很多节目，其中最有名的就是《超级女声》和《快乐男声》，每个节目都在传播这样的形象，捧红了一批小鲜肉，同时也让年轻人失去了多元化的审美，认为单一的审美才是关键。

这些年来，各大平台一直在做这类综艺节目。汪海林老师把这类节目称为"养成类综艺"，说养鸡养狗可以，现在养人也可以。这样的节目捧出了年轻人的偶像，让他们潜移默化地认为这种长相、身材、状态就是美。

年轻人从来没有想过，资本正在潜移默化地改变他们的认知。让我们回到主题：当我们的审美已经形成，当"白、幼、瘦"以及年龄焦虑、外貌焦虑成了年轻人的主流思维时，你的钱最终流向了哪里？韩国成为整形大国，日本成为化妆品大国，欧美成为美容仪器出口大国——你现在明白你的审美是如何被击穿、击碎，最后只剩下残缺的状态了吗？

之前"萝莉岛"事件的爆发，让我重新思考这些问题。西方上流社会似乎天生偏爱萝莉形象，甚至将女孩囚禁在"萝莉岛"供富人享用。这让我想到，日韩都是美军的驻扎地，那么多美军在日本和韩国，他们需要什么样的文化来满足需求呢？只要将这些国家的人们驯化成美军期望的样子就够了。

我们是如何受到影响的？答案只有一个：文化入侵，这种带着浓厚资本色彩的文化入侵了拥有全球最大市场的国家——中国。从年轻人开始，造就了一批缺乏独立审美观念的年轻人，其中也包括我。

我在攻读 MBA 期间思考了很多商业如何改变世界的案例。当我想明白这件事后，我的反抗很简单——打死不洗头。我们家衣柜里有二十多套一模一样的衣服，我绝对不会让他们割韭菜。我每天取一套直接穿，不会花任何时间去考虑外貌、长相、帅不帅这些问题，因为这些都不重要，我也不会让这样的想法占据我的大脑。

我脑子里的马场，自己决定让什么样的马去赛跑。越来越多的人知道这套理论和逻辑，越来越多的审美会被激发出来，你们所提到的年龄焦虑、外貌焦虑也会逐渐消失。

最后，我来做一个总结：自信就是白，健康就是瘦，自然就是幼。

美没有标准，你认为的美就是美。

什么样的爱好才值得长期坚持

在这一节的开头,我想告诉你,**在这个时代爱好是可以培养的,并不是与生俱来的。**

如果你能够培养一个爱好,并把它发展成专长,你会感到非常幸福。我以前从未觉得写作是一件幸福的事,直到现在每天早上开始梳理思路,才发现自己对写作上瘾了。如果哪天没写点东西,没看点书,总觉得生活少了什么。

有很多年轻人在后台留言问我,哪些爱好值得培养并能让自己持续成长?我把爱好分为四类,每一类都可以从零开始。

第一类:能锻炼身体,让你健康的爱好。

·**骑行**。现在国内共享单车越来越多,你可以尝试用骑行代替走5公里或10公里的路程,感受风、速度和穿梭城市的乐趣。这不仅能锻炼身体,而且是放松大脑的好方式。

·**爬山**。爬山能让人迅速安静下来,尤其是边爬山边听音乐，能感受到征服高峰的成就感，还能从不同角度看城市。

·**跑步**。我最喜欢跑步，每天不跑一会儿就浑身不舒服。因为跑步能让我找到生命的掌控感，放下杂念，专注于当下。

·**滑雪**。虽然滑雪难度较大，但它能培养平衡感。如果你不喜欢滑雪，可以试试滑板，同样能舒缓压力。

第二类：自我提升类爱好。

·**看电影、纪录片**。很多电影、纪录片虽然时间较长，节奏也较慢，但能真实地反映人性、生活，帮助你深入理解各种人生和处境。

·**读书**。读书是成本很低但回报非常高的投资。只需要用几天或一个月的时间，花几十块钱就能获得作者的深度思考。

·**烹饪**。做饭是一种关爱自我的方式，认真对待每一餐，就是在认真喂养自己的心。

·**存钱**。当你看到存款越来越多时，心情会越来越好的。

第三类：创作类爱好。

·**写作**。每天坚持写作，不仅能帮助你表达，还像在这个世界上播种，总会等到开花结果的那一天。

·**拍短视频**。曾经我并不觉得拍短视频重要，直到自己成了小网红，才发现拍视频真的上瘾，能持续表达自我。

·**学乐器**。吉他、笛子、电子琴、尤克里里等都可以自学，网上有很多教程。培养这类爱好，能让你在聚会时有更多展示自己的机会。

·**跳舞**。跳舞并不是为了取悦别人，而是为了自己。每个民族都有跳舞的传统，跳舞能展现身体的魅力。

·**做手工**。电路、纺织、绘画、织毛衣、做香薰、剪纸、酿酒等都属于手工。手工的核心是专注，这种专注能让你与自己的内心对话。

第四类：低成本的爱好。

·**用手机摄影**。现在一部手机就能拍出大片。很多优秀的摄影师也说，用手机完全可以捕捉美好时刻。

·**学茶艺**。净手、烫杯、浇水、沏一壶茶，能充分调动感官，享受茶的香气与美好。

·**练书法**。练字不需要太多工具，一支笔、一张纸就够了。这是一个让自己静下来的过程。

·**做瑜伽**。忙碌工作后，瑜伽能帮助你缓解疲劳，让身体得到舒展，放松下来。

·**冥想**。几年前我开始接触冥想，起初并不觉得重要，但随着每天早上坚持半小时，我发现自己的状态越来越好。我很推荐冥想。

这就是四类值得持续培养的爱好。

爱好能让一个人获得新生。强者都有自己无比热爱的事，他们愿意投入大量时间和精力。坚持做热爱的事，一定也会让你感到无比幸福。

有一天，人工智能会给你发钱

写到这里，我想跟各位说一句听起来可能有点"鸡汤"的话（但放在这个时代，一点不"鸡汤"）——活下去。

"活下去"非常有必要。

"活下去"可以分为两个层面：第一个是生命意义上的活下去；第二个是不要下牌桌。 假设你正在创业或者做某件事，记住：不要轻易下牌桌，等待更好的时机。

拿我来举个例子，其实我现在完全可以选择不工作，过去积累的财富已经足够让我过得轻松愉快，我完全没有必要让自己继续过得疲惫、压力大或者不开心，也不用再继续创业。但你可能注意到，我依然在每年出一本书，依然坚持创作。

原因很简单：保持活力，留在牌桌上，就是前进的动力。

最近看到的一则新闻让我深受触动。一位来自中金公司的年轻女孩因为压力过大而选择了结束生命。一般来说，高收入往往伴随着巨大压力。深入研究这个案例后,我发现这位女孩是将自己置于了一个难以脱身的困境中。

想象一下,她通过努力考上名校,最终进入中金,身边都是富二代或者挣着高薪的"金融民工"。年收入虽高,但她可能没有预料到,有时候,时代就像电梯一样在上行,你只要站在电梯里,怎么做都是对的,但当时代发展趋缓时,无论你怎么努力,电梯还是会往下走。

虽然我不是金融专业出身,但我喜欢研究数据,经常关注政府工作报告和各行业数据。我早在2023年就建议身边朋友及时售出多余房产,不要继续购房。因为很少有人能承受每月五六万元的房贷压力,这种生活模式难以持续。当你连未来的工作都无法确定时,如何能确保持续供款?这种决策往往建立在过于乐观的假设上,认为公司不会裁员,自己能够一直工作。但现实情况如何?多少人的人生规划建立在这样的假设之上?

女孩因裁员而选择轻生的新闻让人心痛。她认为人生已无出路,但如果能离开一线城市,回到家乡,也许会发现世界远比想象的宽广。正如俗话所说:"人挪活,树挪死。"

柏拉图曾有个著名的洞穴比喻,说人只能看到墙上的倒影,认为这就是全世界,**但其实只要你回头,走出洞穴,世界会变得更大。**

在经济增长放缓的时候,作为个体,最明智的策略就是什么都不做。你可能觉得这不符合逻辑,不妨反问自己:当下哪件事是完全符合逻辑的?其实,"活下去"才是最符合逻辑的。

我之所以鼓励大家活下去，还源于我在北美学习人工智能时接触到的前沿理念。通过深入研究一篇长达百页的论文，我认为 AGI 时代将在 2027 年全面到来。AGI 不同于现有的专用 AI，它能在多个领域展现出与人类相当的智能水平。到时候，我们的生活方式可能会发生翻天覆地的变化，比如早上醒来时，只需轻声呼唤，就能享受自动送达的早餐和咖啡。

你期待这样的生活吗？如果这样的未来真的在 2027 年或稍晚些时候到来，你难道不想亲眼见证吗？如果现在放弃，你将错过这个激动人心的时代。

硅谷专家预测，AGI 之后将迎来 ASI 时代。ASI 不仅在运算速度和计算能力上超越人类，而且在创造力、情感理解和道德判断等方面也将远胜于人。人类引以为傲的能力，在 ASI 面前可能都将黯然失色。你不想见证人类在这种变革中的角色转变吗？

马斯克更提出了 UBI（无条件基本收入）时代的愿景。在 UBI 制度下，政府将向所有公民无条件发放足够的生活保障金，让人们摆脱生计之忧。人工智能将成为社会财富的发放者。这样的时代来临时，我们的社会将如何重构？房产价值可能大幅改变，医疗和教育体系也将经历深刻变革。

让我们预测一下，在未来的 UBI 时代，每个人都能摆脱基本生活压力，获得充分的经济保障。你不用担心日常生计，你可以有更多的时间去做自己想做和热爱的事，你还能为个人成长和探索预留更大的空间。

想象一下，一个不必为生存奔波的时代可能很快就会到来。你可以自由地学习、旅行、创造、恋爱，甚至与自己对话，寻找人生方向，享受科技带来的便利。

这些改变也许就在眼前，虽然现在还看不清晰，但终将成为现实。错过这样的未来岂不可惜？所以我要再次强调：请相信周期规律，在时代越来越糟糕的状态下，未来只会越来越好。时代越来越好的状态下，也一定会有一个下坡。

做好准备，活下去，等到那一天真正来临。

一个无须为生存奔波的时代即将到来，

活下去，努力看向未来，

那时的世界会远超你的想象。

机会篇

懂趋势的人才能抓住机会

金钱篇

财富是对
认知和意志的奖励

金钱篇

**注意力流向的地方，
就是金钱流向的地方。**

怎么找到赚钱的工作和行业

在我的公众号后台,很多人问我,怎么找到赚钱的工作和行业?

我来给你一个反直觉的答案:找一个你热爱的。**只要这件事你足够喜欢,就能赚到钱。**你可能觉得难以置信,但事实就是如此,因为你喜欢一件事,就愿意持续精进;因为你能精进,所以可以把它做得更好;因为你能做得更好,所以会赚到更多的钱;因为你能赚到更多的钱,所以你会更喜欢这份工作。

这是一个良性循环,任何行业都是如此。

知名作家村上春树起初只是热爱写作,从未想过靠写作谋生。但通过不断精进,他的作品不仅畅销全球,还成为无数读者心中的经典。同样,在 B 站上,有很多年轻人因为热爱手工、剪辑、配音等小众领域,坚持输出高质量内容,最终也能通过流量和赞助获得稳定收入。我看过一个统计数据,说 2023 年中国内容创作者经济市场就已经突破1000亿元人民币的规模，这表明"热爱"正在逐渐转化为可获得财富的职业路径。

所以，回到这章的标题，毕业第一次选工作怎么选？让我站在我的角度先跟你玩一波快问快答：

1. 工作是选钱多的还是选热爱的？

选热爱的，因为热爱的事情做起来更有动力。

2. 是选稳定的还是选热爱的？

选热爱的，因为只有持续的热爱才能带来持续的稳定。

3. 是回老家还是去大城市？

去你热爱的地方。对我而言，大城市里包含着我所有的热爱，那里有未知的探索、丰富的社会资源和广阔的见识。

每个问题背后都是一种选择。

我曾经在一所高中做签售时，有位女生说："我们这一代人似乎什么都能干，但又什么都干不好。我们接收的信息太多，又年轻，以至于我觉得什么都能尝试。反而让我特别迷茫，不知道未来该如何选择。"这是个非常好的问题。

我年轻的时候，互联网还没那么普及，大家知道的东西比较少，一旦选择了方向，除了坚持似乎别无选择。但现在不同了，选择太多了人反而容易迷失。现在的年轻人频繁跳槽，做事只有三分钟热度，不喜欢了马上就换，但这就失去了在一个行业里遇到挫折、战胜挫折、克服困难的喜悦感。而这种喜悦感其实是把事情做好、做成的必备特质。

我也羡慕这一代年轻人有更多选择，但仔细想想，真的有那么多选择吗？每个人的试错成本都很高，一旦选错，想要重来就很困难了。比如，应届毕业生的第一份工作如果选错，就会失去应届生身份带来的优势。

传统时代，有三步法可以帮助人们快速做出职业路径规划：

1. 兴趣盘点法。列出你喜欢做、能做、做得好的事情，找出交集点，比如你喜欢写作，做过编辑工作，还写过朋友圈爆款文章，那文案、编辑类的工作就更适合你。

2. SWOT 分析法。分析你的优势（比如写作能力强）、劣势（比如经验不足）、机会（比如自媒体行业火热）、威胁（比如竞争者多），为你的选择提供依据。

3. 职业探索工具。使用职业测试工具，如霍兰德职业兴趣测试或 MBTI[1]，初步定位适合自己的领域。结合这些方法，你的选择会更具逻辑性和方向感。

但在新时代，变化来得太快了，应该如何做好选择呢？

第一，选大城市。

我曾在一次高三毕业典礼上向学生和家长们做过分享：在选择专业、学校、城市时，最重要的是城市。城市决定了资源和孩子的眼界，而这些在未来是极为珍贵的。因为未来的知识

---

1. 迈尔斯－布里格斯性格分类指标的简称，是一种广泛使用的性格评估工具。

都可以通过人工智能获取，更需要通才而非单一专长型教育。如果只专注某一领域，一旦被人工智能替代，还需要通过其他专业来弥补这项专长。

第二，选大公司。

我的第一份工作是在新东方当老师，我非常感谢自己选择了新东方而不是一些小公司。大公司的薪酬并不一定比小公司高，选择大公司的主要原因是在里面你会有更大的发展潜力。新东方被称为创业圈的"黄埔军校"，培养出无数优秀人才。这些人在各个行业都能凭借自己的表达能力、写作能力、表现能力以及创新能力做得非常出色。更重要的是，在大公司里，即使没有很快升职，你也能接触到更优秀的人。

我也很感谢新东方，在新东方工作的第三年，我就赶上了教育行业的一波大变革。刚开始的时候，看着这个新事物就像看着天上的月亮，明明觉得特别美好，却不知道怎么才能够得着。还好有人带我，要不是在新东方，我可能就跟这个机会擦肩而过了。现在想想，能得到这些机会，也是因为经常跟他们交流学习，慢慢地就会被看见、被信任。所以，选择大公司更重要的是选择身边的圈子和人脉，它是在为你的第二份职业做准备。很多人在30岁后决定创业，找的合伙人往往是在大公司共事过的同事。因为有共同的价值观和工作习惯，他们更容易一起开创事业，为未来铺路。

比如阿里巴巴内部被称为"阿里系"，不仅培养了大量优秀人才，还间接推动了"阿里生态圈"的创业潮流。

第三，选新的路。

这是我给很多人的建议，也是选择工作的核心。美国心理学家斯科特·派克写过一本书，出版于1978年，叫《少有人走的路》。书里说，一个自律和心智成熟的人，一定会走一条少有人走的路，因为他需要勇气、毅力和不断反思的精神。可惜的是，这种精神越来越少见。我之所以讲这个，是因为现在很多年轻人在选择工作时容易不自觉地随大流。在当前背景下，**与其挤在一条人满为患的路上，不如勇敢地探索一些新的可能性，开拓属于自己的成长之路。**

我再来举一个例子。在疫情最严重的时候，有位朋友问我要不要去英国留学。她申请了一所很好的学校，但雅思只有6分。当时我建议她可以试试，原因有三：一、她的成绩本来就申请不到那么好的学校；二、当时由于疫情影响，很多中国学生选择留在国内继续学业，所以那所学校招到的中国留学生应该会减少。她可以反其道而行之，说不定能有机会；三、我提醒她要注意安全，多戴口罩。果然，一个月后她被爱丁堡大学（QS世界大学排名前30）录取了——尽管雅思只有6分，GPA[1]成绩一般。这个女生后来留在了英国，这个决定帮助她从众多竞争者中脱颖而出。

在未来5～10年，有几个新兴行业将迅速崛起：

---

1. 平均学分绩点，是用来评估学生学业表现的量化指标。

- **人工智能（AI）：** AI 提示工程师、AI 开发人员、AI 数据标注专家等。
- **数字经济：** 数字资产管理师、元宇宙项目策划等。
- **绿色能源：** 碳排放管理师、可持续发展咨询顾问等。
- **自媒体和短视频领域：** 内容创作者、品牌 IP 打造师、直播策划专家等。

选一条有潜力但少有人走的路，抓住时代的红利，能够让你快速脱颖而出。

第四，千万不要选择太累的工作。

如果你想变得有钱，记住不要选太累的工作。无论老板给你画多大的饼，如果这份工作已经让你失眠、掉头发，甚至身体每况愈下，就一定要及时止损。

任何无法让你积蓄势能的工作都不要做，任何让你贬值和消耗的工作也不要做。

什么是你自己的势能？就是你擅长的、喜欢的、热爱的，最重要的是它属于你。我之所以这么多年坚持写作，是因为我知道我写下的每一个字都是我的知识产权。只要出版了，被更多人看到了，即使到了 100 岁，甚至去世之后几十年，它依然是我的个人产权。

你看，我又把话题拉回"热爱"这两个字了。你的热爱可以是任何东西——写作、画画、唱歌、敲代码，都可能变成你的数字资产。未来的数字资产将是每个人必须布局的，哪怕你热爱打游戏。一个热爱打游戏的人可以把自己练到电竞选手的水平，而通过电竞实现财富自由的人已经数不胜数。

我特别喜欢《富爸爸穷爸爸》的作者罗伯特·清崎写过的一句刻薄但对我很有启发的话："每天忙于工作的人是没时间赚钱的。"的确如此，因为这样的人从未想过财富是对个人意志的褒奖。**一个人必须有自己的事业才能真正赚到钱。**

这些年，我也见过很多没有固定工作但赚到钱的人，并不是因为他们更聪明，而是因为他们懂得让自己成为优质的生产资料，给自己打工。这就解释了为什么那些在家做自媒体的人能做得很好，因为他们为自己负责，所以赚到了钱。

第五，最后一个选择，也是我强烈推荐的：模仿。

过去我们说"摸着石头过河"，但在未来，绝对不要摸石头，而是要踩着成功者的脚步，一路朝前。如果你实在迷茫，不妨找一个对标物，找一个想模仿的对象。比如，你可以模仿我，把我的书都看一遍，把我的公开演讲视频都看一遍，我做什么你就做什么。模仿那些优秀的人，学习他们的方法、模式和营销方式。很快，你会通过学习他们的方法和模式，变成一座"小型的塔"。

等到积累了一定的粉丝量、势能、资源和金钱后，你就可以开始做真正的自己了。在模仿过程中，你会自然而然地融入属于自己的东西,形成独特的模式——生活模式、成长模式、商业模式。通过这种方式不断更新迭代,你就能成为一个与众不同的自己。

我的好朋友古典有一个论坛叫作"做自己论坛"。每次给他站完台,一起喝酒的时候,我都会开玩笑地说:"做自己是个伪命题。一个普通人如果想在这个时代更快地发展,最应该做的是先做别人。"只有在模仿别人的过程中,才能慢慢发现自己。单纯做自己可能会让自己变得很幼稚,只有在做别人的过程中,才能逐渐发现自己的独特性。自己加别人,才能成为更好的自己。

再说回《富爸爸穷爸爸》这本书,我至少读了五遍,它在我年轻时给了我巨大的能量。我还记得书中有一句话:"普通人要摆脱的两大陷阱,第一是欲望,第二是恐惧。"这些都会影响你的选择。所以在毕业后第一次做选择时,请务必克服自己的欲望、战胜恐惧,踏踏实实地进行分析,找到自己擅长的领域。

最后,我也给每一个刚进入社会的朋友三个职业规划的关键词:**第一个是能力,第二个是环境,第三个是机会**。请紧紧抓住这三个词来做选择。

分析一下你有什么样的能力——口才、写作、编程、专业技能等,然后分析自己喜欢的环境,比如:喜欢安静地待在电脑旁,不愿意跟人交流;或许你想离家近点,或者你想去城市中心。再看看这个时代的趋势和机会:短视频、知识付费、微信电商、人工智能,把这些结合起来,或许就能找到最适合你的选择。

这里给你一个做职业选择的行动指南：

第一步：兴趣测试与盘点。完成霍兰德职业兴趣测试，写下三个你最热爱的方向。

第二步：锁定三个目标城市与公司。分析这些城市的就业机会、大公司分布以及行业发展情况。

第三步：学习与积累。掌握一门未来必备技能，如编程、短视频剪辑、AI 工具使用等，为你的职业道路增加砝码。

第四步：寻找模仿对象。找到一个你欣赏的行业大咖，模仿他的职业路径和成长方法。

第五步：实践与调整。做好职业规划，同时保持开放的心态，适时根据行业变化和个人成长调整方向。

总之，要勇于开辟新的道路。选择的本质是"做"而不是"想"。不要害怕迈出第一步，因为任何选择都能让你有所收获。只有持续行动，才能让你无法被替代，成为这个时代真正的强者。

现在，轮到你迈出第一步了。

能赚钱的人都在这样想

会赚钱的人都有什么样的特性？我采访了身边一些靠自己赚到大钱的人，总结了他们身上的八个特征，也是富人思维的八个底层逻辑。

在这一节中，我毫无保留地分享给你。

第一，渴望外露。

会赚钱的人从不掩饰对钱的欲望，甚至会把欲望挂在脸上。因为他们认为，喜欢钱这件事没有问题，越让人知道自己喜欢钱，越能够得到钱。最怕的就是你不让人知道，自己默默地想发财——没有人会苟着你。

我曾经跟一个投资人聊天时，问了这样一个问题："你们投天使轮、A 轮大概率都投人，那什么样的人会让你们二话不说就投资？"他说："看起来有钱味儿的人。"后来我才明白，所谓有钱味儿的人，就是那种身上每一根汗毛都透露出想卖点什么、想做点生意、想做事的人。

现在有一波反资本的浪潮，很多年轻人特别反对资本，甚至认为企业家都是坏的，都是在敲诈员工。一旦这种反资本的态度外露，资本就会离你越来越远。尤其当你加了别人微信，对方看了一眼你的朋友圈，发现全是骂资本的内容，可能不会说什么，但一定会对你敬而远之，你就失去了机会。

后来这位投资人告诉我，那些"钱味儿"十足的人还有一个特点，就是让人感觉非常舒服。无论什么人在他们身边，他们都能考虑得面面俱到。这样的人赚钱是理所当然的，因为大家在他们身边感到安全和自在，金钱和财富也更容易围绕在他们身边。

第二，懂商业。

很多人都不懂商业。商业的本质其实只有一个——低买高卖。你可以每天琢磨自己到底在卖什么，或者未来想卖什么。卖东西一点也不丢人。那些觉得卖东西丢人的人，通常是因为自己不会卖东西，或者从未成功卖过东西。人们并不会瞧不起一个卖东西的人，瞧不起的是那些没钱却还特别自豪的人。

很多有钱人从小就会培养孩子卖东西的能力。比如，让孩子画一幅画然后在小区里卖，或是把不需要的玩具摆摊卖掉。重要的不是赚多少钱，而是让孩子找到卖东西的感觉。

这就是商业的本质。

第三，量化时间。

如果你还处于打工阶段，不妨算一下自己的一个小时值多少钱。人最宝贵的其实就是时间，虽然当前可能出于个人或家庭原因不得不出卖时间。了解自己时间的单价，随着能力提升，你的时间会越来越值钱。直到某天，雇主无法负担你的时间时，你就需要开始雇用自己。

当你积累了足够的资本，就可以去购买他人的时间。**金钱流向的本质在于你如何看待自己的时间。**你的时间是自己的，千万不要廉价卖给任何人。如果你目前正在廉价出卖自己的时间，就为自己树立一个目标：未来不再让任何人廉价地利用你的时间。

第四，和优秀的人交朋友。

多和那些正当的、爱搞钱的人交朋友。我们常说"这个人很牛"，就是因为他的思想牛，懂得如何正当地赚钱，懂得如何为社会创造价值。

不要与品行不端的人成为朋友。我说一句可能得罪你的话：如果你和品行不端的人在一起感觉特别舒服，那说明你的道德标准可能已经不知不觉地与他们趋同了。

我们交朋友的底层逻辑是：我们只能与相似的人相处融洽。品行不端的人与同类相处就是舒服，因为他们可以一起吐槽别人、诋毁别人。优秀的人与优秀的人相处也很舒服，他们讨论的是如何创业、如何成长、如何变得更好。但优秀的人与品行不端的人相处会很痛苦，反之亦然，因为不属于同一个世界。

所以，想要变优秀，最好的方法就是学习优秀者，成为优秀者，最终超越他们。

第五，坚持做正确的事。

什么是正确的事？只要你能获得收益，就继续坚持做下去。与那些错误的人、事、关系和想法断舍离。只要这些人或事在消耗你的资源，就应该远离。

我特别想分享一个我的故事。有一段时间我想转行做编剧，因为我觉得编剧费可能是一笔不小的收入。但在编剧圈摸索了很长时间后，我发现这条路大概走不通。第一，我确实不擅长写剧本；第二，导演和制片人选择我的机会很小，因为我没有成名作品。我参加了很多饭局，浪费了大量时间，才意识到这条路走不通。

所以，我回归了我的文学理想，每年写一本书，直到今天我依然笔耕不辍，找到了正确的方向。

顺便提一句，人真的有吸引力法则。你越相信什么，就越能吸引什么。比如有段时间，我每天参加饭局，所有人都认为我是"饭局达人"，于是更多饭局找上门来，继续浪费我的时间和精力，消耗我的资源。我最擅长的东西被搁置了，三天打鱼两天晒网，最后那项赚钱的技能也会离我远去。

后来，我来到加拿大之后，开始日更视频号，不给自己任何借口。不到几个月，就有了起色。到今天，我依然在持续输出，持续表达自己。

第六，思维（或思想）要活跃。

我一直强调，法律禁止的事不要做，没有禁止的都可以试试。所有强者都有一个共同点，就是思维活跃，不按常理出牌。

一般来说，所有人都在做的，你尽量别做；没人做的，你可以考虑试试。当然，法律禁止的事千万不要触碰，不要在法律的边缘上游走。

所谓不按常理出牌，背后的逻辑是：成功是少数人的事，财富掌握在少数人手中，他们疯狂学习，为了结果服务。

第七，执行力强。

可能你看完这一节后，立马去执行了；而很多人看了之后，却无所作为。人和人的差距就是这么来的。想到就去做，正确就抓紧时间推进，错误就及时调整。很多时候，机会就是在犹豫中失去的。

普通人总在准备，而强者已经开始行动。很多人总抱怨条件不完善，缺乏资源，但高手都是先迈出第一步，在实践中寻找答案。大多数情况下，他们的条件并不完备，但他们选择先行动，在实战中寻找答案。

第八，先定目标，再找资源。

成功的逻辑不是先看有什么资源再决定做什么，而是先确定目标，然后寻找资源。

为了实现目标，没钱找钱，没方向找方向，没人就找人。跟任何人都能合作，跟任何人都能聊。有了目标，拆分成小目标，逐步推进，再回到第七条，持续执行，提升执行力。

这就是富人思维的八条底层逻辑。

选择副业的标准

对很多人来说，副业是最容易被误解的概念之一。很多人一心想发展副业，却不仅赚不到钱，反而在工作之外的时间把自己弄得焦躁不堪。带着这种心态做副业的人，往往坚持几天或几个月后发现赚不到钱就放弃了，最后还是该玩游戏玩游戏，该看剧看剧。这样的案例实在太多。

因此，我想和大家聊聊什么才是真正有价值的"副业"。

毫无疑问，在副业方面，我确实拿到了一些成果。主业上，我最初是新东方老师，后来自己创办了飞驰学院，又联合创办了考虫网，现在在加拿大拥有两家专注于人工智能的公司。尽管如此，很多人只知道我是作家，不知道我还是企业家。通过自身经历，我想告诉大家，未来主、副业的界限会越来越模糊，普通人也可以利用业余时间赚到钱。

所以，这一节我想和大家分享普通人如何利用业余时间去赚钱。

现在互联网上教人搞副业的人太多了，很多还收费，比如教写小红书、写小说、学剪辑等看似提供了副业发展途径，实际上人们交了学费后并不能获得任何东西。这是互联网时代最大的骗局，你以为在为未来投资，实际却成了他人的韭菜。

我的一个朋友看了我的文章后决定发展副业，开始开滴滴。坚持了两个月，发现赚的还不够油钱就放弃了。他问我是不是自己不够坚持，我笑着说，如果坚持三个月或半年，浪费的反而更多，因为在没有任何进步的前提下，虚度了大把光阴。

为什么很多人的副业大都以失败告终？原因很简单，因为根本没有注意到副业背后的核心逻辑。**副业的核心逻辑不是付费，而是热爱。**

那些要你付费学习的副业，80% 都是坑。比如常见的剪辑师、配音、做 PPT、写作投稿，如果你没有自己的产品、圈子和流量，没有一呼百应的影响力，结果必然是无人问津。

我遇到过一位教配音的老师，他所在的平台喜欢大量投放广告。原因是投放成本低，一块钱就能听到学配音的课程。但学费只是一小部分，器材费才是他们真正赚钱的。即便不买他们的器材，在喜马拉雅这样的平台也有一定的平台费。你看，一关一关都等着你。

现在很多副业，比如插画师、打字员等，完全可以用 AI 替代。所以，请不要学这些乱七八糟的副业，尤其警惕那些收费项目。

在继续阅读之前，你不妨先合上书思考两个问题：第一，除了工作之外，你有什么技能可以变成副业？第二，你真正热爱什么？

请注意，第二个问题尤为重要。既然主业都没能做自己喜欢的事，为什么不在副业中尝试呢？

接下来，我会分享四点重要建议，如果你参透了这些内容，可能会颠覆你对副业的认知。

第一，骑驴找马，但不要虐待胯下的那头驴。

很多人主业都应付不来，做得焦头烂额，还想着发展副业，结果可能连主业都保不住。发展副业的前提，是你的主业能确保基本生活。比如我在新东方教书时，月薪在2万~5万元，虽然随着学生每个月人数的多少而波动，但至少能在北京维持生活。因此，我能在下班后投入大量时间研究写作，尝试不同的写作方式。

我没有报班学习，而是边学边实践，快速投入实战。现在太多人容易在开始前就自我否定，结果离目标越来越远。曾有朋友想做视频号，让我给些建议。我热情地与他们沟通开会，但他们从第一天就开始找各种借口，说不擅长表达、不愿露面等。开了八天会，最后得出要做视频号的结论，到今天也没有人做出来。

所以，要做副业，不要过分听从他人意见，要边走边看，先把当下的事做好，再决定未来的方向。

第二，把副业当成主业，认真对待。

未来主、副业的界限可能会越来越模糊。举个例子：山西省阳泉市一家电力公司有位电厂计算机工程师，主业是负责电厂的计算机系统维护，副业是写作。这个人就是刘慈欣，他写了《三体》。很多作家的副业都比主业更出色，我总结过那些把副业做得很好的人的特点，关键就是对待副业要像对待主业一样，要认真，要热爱。就拿我来说，我每天都坚持写作，每天早上雷打不动写两千字左右。为什么很多人写小说赚不到钱？因为他们只是随意写，想写什么就写什么，甚至很多人并不热爱写小说，只是听说能赚钱才去写。结果就是拼拼凑凑，一个月赚几十块钱。

因此，你首先要明确自己具备哪些技能，喜欢做什么事情。既然主业都不够喜欢，为什么不在副业中选择自己热爱的呢？

比如擅长 Excel、Word 的人可以提供文档整理服务；热爱宠物的人可以开展宠物上门喂养服务。我有位朋友就从事这项副业，他本身就很喜欢猫狗。当年轻人出游、度假或出差时，往往无法带着宠物，而身边的朋友可能对猫毛过敏或不愿养狗，这时上门喂养服务就很有市场。他们每天能赚取几百元，有些甚至可以把猫接到自己家中照料，既能享受撸猫的乐趣又能赚钱，这不失为一个理想的副业。

你还可以通过吵架代理、游戏陪练或代练等方式赚钱。这些项目虽然听起来不太寻常，但也有人能拿到可观的收入。

如果你是个很社恐的人，不愿意跟任何人交流，也可以尝试做自媒体。你可能会问，做自媒体是不是需要露脸？不需要。你可以戴上面具或头套。很多自媒体博主都是这么做的，不露脸，只出声音也能制作出优质视频内容，获得大量关注。

所以，我跟你分享的第二条是：要把副业当主业，认真对待。既然主业已经占用了每天 8～10 小时，为什么不能在下班后的这段时间做点自己喜欢的事呢？

我开始写作之前，发现每天上班、创业很痛苦，于是写小说和写文章便成了救命稻草。我开始精进写作，有时候一边看电影一边写作，有时一边听歌一边写作。我渐渐明白，既然决定把这件事当成副业，就要特别用心、走心，甚至有时特别开心地完成这件事。

第三，副业的本质：悦己利他。

过去很长一段时间，都有人问我直播带货的窍门是什么。你们在网上无论花多少钱，听到的答案都只有一个：赚钱、赚取佣金。但经验表明，在直播带货时，越是刻意推销，观众越不愿购买，因为他们能感受到你只想赚他们的钱。相反，如果能自然地表达，舒适地分享想法，顺带推荐产品，反而更容易成交。

董宇辉早期走红的原因在于，他不仅是在卖货，还在传达自己想表达的内容。这给了我重要的启发：副业的本质不是疯狂赚钱，而是做自己喜欢的事，并让他人看到。当你把热爱的事做到极致，收入自然随之而来。

在成长过程中，赚钱只是附带，自我实现才是终极目标。

我们常说，所谓成长，是在你完成一件事时产生心流，给你分泌大量的内啡肽，顺便挣到钱。你要去表达你想表达的东西，而不是一味追逐金钱。记住：总盯着钱，钱反而会跑；专注于把事做成，钱自然而来。

第四，拥抱互联网。

请你记住这句话，所有在线下能做的事情都可以通过互联网再做一次。任何技能放到互联网上都能获得新的发展。

我分享一个真实的故事：一位50岁出头的阿姨曾经在湖北工厂工作，年纪大了以后回家乡了。在一次家庭聚会中，她询问适合自己的工作机会。考虑到她有一段烹饪的经历，尤其是对制作糕点有热情。我建议她将这份热爱做成视频，坚持做一年。不久前，这位阿姨告诉我，她因为听了我的建议，已经制作了150个视频，拥有了超过1.2万的粉丝。现在她已经可以通过直播卖糕点的原料和工具。最重要的是，她开了烹饪课，一个月的收入有2万元。这是个真实的故事。

我想起自己刚进入写作领域时也是一无所有，但我有个习惯，每天坚持写作。我现在除了坚持写作，还把更多的创作变成了短视频、公众号文章和小红书短文。这得益于我把个人技能与互联网结合，扩大了个人影响力。如果你喜欢我的文字，大概率不是通过书直接看到我的，而是通过网上的某段话看到的。现在是互联网时代。既然这个时代已经到来，请你把自己的热爱放到网上。

我还要告诉你发展副业时要避开的几个大坑，其中之一也是最重要的三个字：别跟风。以下几个行业我强烈建议你不要进入。

·**女装行业**：我相信你可能花过很多时间去研究女装，甚至会设计，但女装行业风险很大。它需要大量库存，且退货率极高，买家常常试穿后就退回。

·**酒吧、花店、书店等小资产业**：这些产业请勿轻易投入，这些行业作为副业很难维持，因为即便作为主业都未必能维持收支平衡。

·**母婴店**：虽然听起来这好像是一个注定要花钱的行业，但还是那句话：跟随趋势。现在很多人都选择晚婚、晚孕，未来生育率可能持续下降，开母婴店很有可能会亏钱。

那么，普通人能做什么？还是那句话，**拥抱你的热爱，把它做好，就是副业最好的出路。**

宇宙的尽头都是销售

为什么现在很多年轻人努力工作却赚不到足够多的钱？这是一个极其残酷的问题。我查阅了很多资料，想通过这一节和你分享在下行时代如何选择有上升空间的职业。

答案只有一个：离钱近点。

让我先掏心窝子地跟你分享一个职场中的概念，叫"工作链条"。这个概念很多学校不教，但非常重要。我是在30岁之后开始独立创业时，才真正理解工作链条是什么。如果你不了解这个概念，就不知道如何选岗换岗，更不知道怎样离钱近点儿。

我举自己曾经在新东方讲课的例子，来看看工作链条是什么。

当时，新东方属于教培行业，内部分为五个考试部门，分别是国外考试部、国内考试部、综合能力部、少儿英语和中学英语。我在国内考试部工作，该部门又分为四六级、考研、专

四、专八、考博、大学预科等项目，我工作的项目是四六级。四六级又分成听、说、读、写四个板块，我教听力。这个部门还有老师、管理、销售、运营、督导等岗位，我是其中的老师。

按照这个逻辑梳理，职业链条就非常清晰了。你会发现，很多人的工作都只是大机器中非常小的一环，虽然你可能在其他地方也能帮点忙，比如说你除了是老师，还担任助教。但总的来说，通过梳理工作链条，你能清楚地知道自己所处的位置。

了解自己的工作链条后，关键是要找到付费发生的环节。请注意，其他环节都是在提供价值，只有产生付费的位置才是真正离钱近的。链条一旦被搭好，提供价值的角色最终都会被人定价。

我在新东方的时候，整个链条是公司搭建的，跟我没什么关系，所以我必须接受被人定价。那时我每小时的课酬是140～160元。虽然通过努力可以逐渐提高收入。但当我厘清自己的链条后发现，如果我继续这样干下去，只会让自己的身体越熬越垮，而我却并没有真正接近钱。

那么，在新东方如何才能离钱近？答案很简单：卖课。那些能把课程卖出去的人离钱更近。所以在当时的新东方，销售的工资最高。很多优秀的老师也会参与卖课，走到线下宣讲，一直延续到互联网时代到来，老师都要上直播间卖课，就是因为这样离钱更近。

请恕我直言，宇宙的尽头都是销售，每个人在这个世界上都必须学会这项技能。 同样离钱近的还有这些行业：直播电商、外贸、人工智能等，这些本质上都是销售。

每次我在直播间卖课，总有人在评论区说："一个作家在这儿卖东西？"看到这样的评论我并不生气，因为我深知销售是致富的核心。普通人一无所有时，去卖东西，去当销售，这是离钱最近的方式。

但如果你鄙视商人，鄙视销售，钱就很难进入你的口袋里，所以请别觉得销售丢人。

如果你有孩子，应该尽早培养他们的经商理念，早早让他们学会怎么把东西卖出去。我在加拿大留学的很长一段时间里，经常看到一些优秀的家长鼓励孩子售卖自己创作的画；还让男孩子帮人除草赚取 20 元左右的零用钱。做这些不单纯是为了让孩子赚小钱，而是让孩子体会赚钱的感觉。其实，不管什么职业，本质上都是在用个人的时间、才华、能力等创造价值。

请你务必离钱近一些，这是我掏心窝子的经验，也是我想给每一个年轻朋友的建议。

几年前，中信出版社出版了一本书叫《毫无意义的工作》，我看过英文版，英文版可直译为《狗屁工作》，我觉得这个翻译更加贴切。在这本书中，作者大卫·格雷伯把"狗屁工作"分成两种：第一种是分配，第二种是创造。我们一直觉得创造很好，但实际上分配更重要，因为分配就是离钱近，创造的所有钱最终都流向了分配环节。很多人之所以受不了打工，是因为打工就是创造价值之后让别人分配。而选择创业，就是为了自己给自己分配。

我经常在深夜看到外卖小哥和滴滴司机凌晨两三点还在辛苦地忙碌，我心里很难过。但现实就是如此残酷，尽管他们已经这么辛苦了，但还是没能赚到足够多的钱。

让我跟你分享一次我的投资经历。我有个朋友创业，募集了很多资金想做私募基金。他最先找到一些机构并委托他们去投钱。然后找到一些大佬，这些大佬看到他人不错，也给他投钱。我是最后被他找到的，他说："尚龙，我给你一个机会，你想不想进来？年化收益率有8%。"我和我姐加起来投了很多钱，但我们投的这些钱，对整只基金来说塞牙缝都不够。

后来出了些问题，我着急地找到这个朋友，他说得等等，因为这笔钱他说了不算，还有其他几个合伙人，钱被卡到了北京周边的楼市，手头上没有更多资金，所以房子无法封顶。我当时想，完了。

后来我不停地找他，但结果都不尽如人意。直到今天我都没拿到钱。但我知道，最先给他投资的机构拿到钱了，他的合伙人也分到钱了，只有我们这些散户至今都没拿到钱，很简单，因为我们离钱太远了。等他们把整个链条搭完后我们才进去，我们被人定价了。

这件事给了我非常深刻的启示。现在，我跟任何人谈合作，都会先问回款的周期和方式：是我结给你还是你结给我？如果你结给我，我必须有足够的信任；但如果我结给你，这事就好谈了，因为我站在了结款的上游。

所以我也鼓励大家有机会多学一学金融相关的知识。我相信很多人都知道赚钱的逻辑，但分钱其实更需要学问。金融并不难，它就是分配的工具。为什么金融行业赚钱？为什么很多富二代父母不让自己的孩子去学制造业、学手艺，而是让他们去学金融？本质上也是为了离钱近，更能理解分配。如果你现在工作比较稳定，又有精力，我强烈建议你去学金融或者攻读MBA继续深造，这不仅仅是为了学习专业知识，更重要的是理解资本运作的本质，离钱更近。

这句话请你记住："岗位排第一"。 我的一位销售朋友，原来在一家K12公司里卖课，他什么都能卖，甚至有段时间传出，如果一个市场业务不好，派他去就能把课卖出去。在那家K12公司倒掉之后，这位朋友迷茫了很长一段时间，觉得自己活不下去了。最迷茫的时候他跑来找我，他说："龙哥，我虽然老找你吃饭聊天，但其实并不想从你这儿得到答案，因为我知道凭我的口才，哪怕有一天我被裁掉了，去卖房子也饿不死。"

当然，后来他并没有去卖房子，而是去卖成人英语课了，卖得特别好。他们公司一年的销售额至少一个亿，全靠他在直播间里吆喝。

你看，艺多不压身。在一家公司里，当你做的是离钱近的岗位，就算你离开这家公司，这些技能也能帮你渡过难关。

换句话说，有些岗位你干得越好反而越容易"饿死"。因为这些工作虽然看起来不用扛KPI、冲业绩，但重复性太强，很容易就会"害死"你。因为这些工作的天花板太低，涨薪空间有限。

你想想看，假设公司现在进账 100 万元，作为老板你会怎么分？通常谁把这钱赚来的，你就会先分给谁。底层逻辑也很简单，你期待他下次继续创收，所以必须给他分红。分钱的逻辑也是如此，只要这个人未来还能继续创造价值，你一定会继续分配。让他看到红利，了解赚钱的逻辑，体会到分到钱的喜悦。

所以，如果你理解了这个逻辑，为什么不做离钱更近的工作呢？离钱近的人才有分配权。

我再给大家讲一个赚钱的秘密——就一个字：卖。你脑子里必须有这样的逻辑：怎么把东西卖出去？我在本节结尾会跟你分享三个非常重要的卖东西的逻辑。在此之前，我想跟你说一句很重要的话："注意力流向的地方，就是金钱流向的地方。"这条请你务必记住。选行业该怎么选？选注意力流向的地方。

在 2023 年，我决定脱产去多伦多大学读人工智能。我之所以要这么做，是因为我知道人工智能在接下来很长一段时间内不仅是方向，更是趋势。我常说不要盯着风口，因为风口很难抓，你不知道它什么时候消失。你见过人在风口上飞，但你没见过摔死的那些人。而趋势不同，趋势能持续 5 年、10 年。我之所以去学人工智能，是因为我确定它是趋势。这就是为什么我学人工智能之后，公司业务也好了，个人的状态也提升了，最重要的是我们也赚到了钱。

很多人说你学人工智能是因为你懂，那我不懂怎么办？很简单——学习。最怕的是你不懂，还理直气壮地问不懂该怎办。你去学，去自学，想办法找资源学，想办法脱产学。明明知道它是注意力所在，为什么不学呢？

2019年时，我跟身边的朋友讲说直播带货的时代到了。那时入场其实已经晚了，但我知道这个风口会持续很久。身边的几个朋友和公司同事都说不懂。我建议他们可以去学习，我直接飞到杭州跟一个电商团队学了三天。每天不停地请教，甚至到他们直播间观摩带货过程。

那三天，我真真切切地被震撼了。回到北京，我拉着团队进行了第一场直播，那天直播间里有200人，都是我从各地拉来的。我播了整整4个小时，虽然GMV（商品交易总额）不高，但我明白了直播的逻辑。

后来我因为太累了没能坚持下去。但这件事告诉我一个道理：最怕的就是你又穷又不愿学习。之后我们公司的一位团队负责人去了另一家公司负责直播。这家公司的直播业绩一直都很好，到今天还在持续。这位朋友每次见面都会感谢我说的那句话："注意力流向的地方，就是金钱流向的地方。"

所以，接下来几年，以下四个趋势请你务必关注。

第一，自媒体。人人都是自媒体的时代已经到来了，越早入场，越有机会。自媒体无非就是这三件事：圈粉、内容表达和卖东西。

第二，银发经济，也就是养老。这将是接下来几年非常赚钱的赛道。截至2023年年底，中国60周岁及以上老年人口有29697万人，占总人口的21.1%；65周岁及以上的老年人占总人口的15.4%。根据联合国的定义，当65岁及以上的人口总数在14%以上时，被称为中度老龄化，因此中国已进入中度老龄化社会。这条赛道未来将会获得大量关注，你不妨提前思考一下。

第三，单身经济。为什么现在这么多人开始养宠物？为什么人们越来越重视健身？本质上都是单身经济在起作用。前段时间突然火起来的宠物殡葬业，表面上让人不解，实际上也是单身经济的体现。因为宠物陪伴了主人很长时间，想给它们更好的归宿。人最终会趋向孤独，愿意为摆脱孤独付费，却又不愿意过早步入婚姻的围城、接受家庭的束缚。所以这条赛道未来必将吸引更多关注。

第四，疗愈经济。过去几年，很多人都感到身心俱疲，尤其是创业者、被裁员的人、经历离婚的人、家庭破裂的人……他们都急需疗愈。各种瑜伽班、心灵培训课之所以能卖到几千块钱，就是因为存在大量需求。很多人的内心在"流血"，却不知如何自救。这条赛道未来必将吸引大量关注。

最后，给大家分享一个让自己离钱更近的方法论。我把这三条放到这一节的结尾。你必须做到以下三条：

第一，做商品或者成为商品。就像我，现在不仅是个人，已经是个商品了。我写的很多书都可以被视为商品。你要学会把自己商品化，同时最好能拥有其他商品。这样你卖的就不是体力和时间，而是商品本身。比如说你每天不停地给别人按摩，就算24小时排满了，你还是在卖时间。但如果你去卖按摩油、按摩器，就能把时间省下来，在别人需要时推荐相应产品。

第二，要建立广泛的人脉。我写书时，很多人吐槽我总说"我有一个朋友"，是不是无中生有？他们可能不知道，我真的有意识地去结交大量的优质人脉。当你有了产品，还想把它卖出去，你必须有很多人脉。我见过一些很会做生意的朋友，他们喝个下午茶就能卖出好多东西。原因一是他有自己的产品，也有别人的产品；二是他跟别人交朋友喝茶的时候，总能看到别人的需求，然后告诉他："你看，我这里正好有这个东西，你要不要买？要买我给你打个折。需要的话我们做个生意，不需要也没关系，就当交个朋友。"

第三，直接卖，不要报班学习。很多人在做生意之前非要报班学习，其实完全没必要。在卖的过程中学习比纸上谈兵更有效。卖东西这件事，只有在实践中不断提升，才能真正把东西卖出去。很多学习成绩不好，但敢于尝试的小伙伴，那些你的小学、初中、高中同学，为什么后来能赚到钱成为大老板？很简单，就是因为他们从来不是纸上谈兵，不是学好了才去实践，而是在实践中倒逼自己学习。

所以当你想卖自己的产品时，不妨先发个朋友圈，注册自媒体账号，或告诉身边的朋友你要卖东西了，甚至可以先从路边摆摊做起。

不要在意他人眼光，也不要觉得不好意思。还是那句话，**注意力流向的地方，就是金钱流向的地方。**

年轻人投资什么最升值

这些年，我发现无论是谈创业还是个人成长，都绕不开一个关键词：投资。

对年轻人而言，最值得投资的不是房产、股票或理财，而是"投资自己"——时间、知识、健康和社交资本。这也是达利欧在《原则》一书中反复强调的观点，总结一下就是：**投资自己的认知、原则和能力，才是长期成长的关键。**

随着年龄增长，你会发现当你把人生准则放到不同事物上时，都可能发生变化。比如当你把准则放到至亲身上时，他们会老去、改变、固化，甚至让你失望，此时你的信念是否会动摇？当你把准则放到金钱上时，金钱会随经济周期起伏，你可能因此或狂喜或自卑；当你把准则放到时代上，发展可能突飞猛进，也可能停滞不前。

回首往事，我发现如果能把人生准则建立在那些亘古不变的原则上，你的人生会更稳定、踏实。我很庆幸，父亲从小就这样教导我："你的人生准则，应该建立在那些永恒不变的真实、善良、美好的人性之上。虽然时代会变，但只要你坚信的这些价值不变，你就不会偏离正确的方向。"

达利欧的财富观给当代年轻人很多启发，尤其是想要从事投资的年轻人。许多人可能会想：我又不是做投资的，了解这些做什么？这种想法是错误的。即使你是打工者，你也是投资人，因为你在用时间换取工资。每个人都在进行投资，就像上学，不也是在对未来进行投资吗？

达利欧的一生非常传奇，我讲几个他的故事。

20世纪40年代，达利欧出生在一个中产家庭，父亲是爵士音乐家，母亲是家庭主妇。8岁的时候，他就意识到赚钱对现在和未来都很重要。于是他去高尔夫球场当童工，那时能打高尔夫的都是富人。他不知从哪儿得到的消息，要离这些富人近一些，就一边给人捡球，一边听富人谈话。年幼的达利欧被富人的谈话深深吸引，因为富人们在聊一个他完全没听懂的话题——股票。

在20世纪50年代，富人们把赚的钱用来买股票，而他的同龄人和父母则把钱用于补贴家用。这是他人生中的第一次投资，他决定拿出所有赚的钱去买股票，看着股票从每股3美元涨到5美元，给了他极大的自信。

这是我想告诉你的第一个投资准则，一定要离那些富人近一些。

20世纪70年代，达利欧考入哈佛大学商学院，毕业后进入华尔街工作。虽然年轻，但他意识到自己不适合传统的金融工作，想按照自己的方式投资，于是在1975年决定离开稳定的工作，创立了桥水基金，如今发展成了"全球头号对冲基金"。

那年他26岁，就深刻地意识到打工无法实现财富自由，因为当你开始打工，看似没有投资，但实际上投资了最重要的东西——时间。打工看似稳定，但本质上是把时间低价卖给别人。

对年轻人来说，时间是最宝贵的资本，也是一个人的生产资料。没有人会把自己的生产资料直接放到市场上出售，应该把生产资料转化为生产力出售。所以与其给别人打工，不如给自己干。

真正懂得投资时间的人，会想方设法让自己的时间升值，你可以这么做：

·**设定目标**：每年给自己定一个"时间增值"目标，比如从时薪50元到时薪500元。

·**高效利用时间**：避免碎片化的低效娱乐，把时间投入阅读、学习和实践中。

·**优化时间产出**：通过学习新技能、接触新领域，让你的时间拥有更高的市场价值。

达利欧还说："财富是对认知的褒奖。"所以年轻人最好的投资，就是提升自己的认知资本，怎么提升？

·**多读书**：读那些能改变你思维的书，比如《原则》《穷爸爸富爸爸》，每年精读10本对你有帮助的书籍。

·**学一门新技能**：比如编程、短视频剪辑、人工智能工具使用等，未来这些技能会成为你的竞争力。

・**主动见优秀的人**：参加专业论坛、读书会、社群，接触顶尖思维，让自己的认知不断升级。

我之所以喜欢达利欧，是因为他的人生并不是一帆风顺的。桥水基金成立之初，达利欧的管理风格极其独特，年轻的时候，一个人总会为自己的自信，甚至是过度自信买单。他在1982年公开预测全球经济即将进入严重的衰退期，并带领团队调整了公司的投资策略。然而，1982年经济刚开始复苏，他的预测大错特错，公司遭受巨大损失，几乎失去所有客户。达利欧甚至需要借钱来维持家用。

这次打击让他意识到不能把自己的准则强加于人，因为自己的判断一旦出现失误，可能造成毁灭性的打击。

他开始深入研究经济规律，试图从历史中找到应对未来的方法。也就是在那时，他提出了"原则"的投资概念，将自己在投资和生活中学到的教训总结成一套方法论，写入《原则》这本书，同时把这些亘古不变的原则应用到公司管理和人生中。

在2008年全球金融危机期间，达利欧的对冲策略让桥水基金逆势获利，公司一跃成为全球最大的对冲基金之一。也就是这段时间，达利欧的财富迅速累积，他被公认为全球顶尖投资者之一。当他的财富积累到一定程度后，他开始系统化地整理自己的理念，并出版了《原则》这本书。

这也是我想告诉你的重点：一切都会变，但只要你把你的

人生准则和投资准则建立在原则之上，它就是不会变的。

我几乎翻阅了达利欧所有的文字和演讲，终于找到了他在一次演讲中给年轻人的三条投资建议。我会结合自己的思考，在这一节里跟你分享，未来几年中，年轻人应该投资什么。

达利欧给年轻人的第一条建议就是，不要持有太多现金。

达利欧强调，现金不是很好的投资方式，因为它的价值会随着通货膨胀而下降。他建议把资金投入多元化的组合中。他说尽管现金看似安全，但长期会因通货膨胀而贬值，购买力会逐渐下降，因此持有现金不能为投资者提供理想的回报。

达利欧建议年轻人应该把资金投入能够产生更高回报的资产中，比如股票、债券、房地产。这种投资方式不仅可以抵抗通货膨胀，还能实现财富的长期增值，总之要让钱流动起来。

不过，不同国家的金融市场发展阶段不一样，投资环境也不一样，所以不能简单照搬国外的经验。对于刚开始积累财富的年轻人来说，最重要的是建立正确的理财观念和风险意识。在经济环境存在不确定性的情况下，保持适度的现金储备显得尤为重要。特别是当个人资金量有限时，建议优先考虑流动性较好的理财方式，避免将全部资金投入周期较长、流动性受限的产品中。请务必记住，经济下行时代，现金为王，资产的流动性为王，任何要求你投资一两年不能动用资金的，都属于流动性不好的投资理财产品。

在年轻时，储蓄是你的安全垫，理财是你未来发展的助推器，你可以：

·**强制储蓄**：每月存下 20%～30% 的收入，养成存钱的好习惯。

·**基础理财**：资金有限时，不必冒险炒股，合理配置低风险产品，比如黄金、美股基金等。

·**远离夕阳产业**：避免被旧资源拖累，选择具有长期发展潜力的新兴行业，比如人工智能、绿色科技、数字经济等。

第二条建议，分散投资。

达利欧说，分散投资的意思是不要把所有资金放在一个篮子里，把鸡蛋放在不同的篮子里才不会一次全部损失。可以在不同的资产类别中分散投资，更好地应对市场波动。

达利欧认为，过于集中投资单一资产会使投资者面临较大风险。一旦这只股票或其底层逻辑崩塌，可能导致整个财产遭受损失。达利欧特别强调，总资产的 20% 千万不要用来投资，那是让你维持生存的基础。他建议把资产分散到股票、债券、房地产、商品以及其他各种工具中，而不是集中于单一工具。

很多朋友觉得只要把钱分散到不同的理财产品里就够了。这就像是在一个超市里买了很多不同品牌的零食，看起来选择很多，其实风险都是关联的。要是超市出问题了，再多的零食也保不住啊。

所以我接着他这一条继续给大家一些投资建议，你一定要放到杠杆的两边，比如可以配置一些跟实体经济相关的资产，再配置一些跟贵金属相关的保值品种。这些资产往往此消彼长，经济好的时候，一部分资产上涨；经济不好的时候，另一部分资产可能会表现更好。

这样在不同的市场环境下，总能有一部分资产在发挥作用，帮你守住财富。这才是真正的"不把鸡蛋放在一个篮子里"，这对投资者是安全的。

第三，达利欧强调储蓄至关重要。

达利欧鼓励年轻人尽早开始储蓄，并保持持续存钱的习惯，这样才能应对未来的不确定性。我非常认同他的这条建议。现在中国的年轻人越来越喜欢模仿西方的月光族和借贷生活方式，但显然这是不健康的。

很多年轻人下载了各种借贷工具，把自己牢牢绑在还款的最后期限上。我很难想象，每天都承受压力、为钱发愁的人，如何能爆发出改变世界的创新力和创造力。所以请把你收入的一部分强制性地存起来，形成稳固的资金基础。这样在未来经济不安全或环境不稳定时，能有一定的安全感和财务自由。

我很庆幸在30岁之前存够了人生中非常重要的一笔钱——我的留学费用。我在30岁之前确实赚到了一些钱，但和很多年轻人一样，毫无节制地把它花掉了。我甚至交了一群狐朋狗友，但这些人不会在你经济窘迫时回到你身边，相反，他们会一哄而散。但他们不知道的是，我无论赚多少钱都会强行扣下它的20%存到银行里，存着不动。

所以我30岁之后敢离职创业，敢脱产去读书，敢重新开始，这都源于年轻时养成的好习惯，给自己存下了一笔钱。

除了达利欧给我们分享的三条投资建议，我再补充五条。

第一，千万不要投资夕阳产业。

我建议你投资新行业，而不要接手老产业。

原因很简单，旧有的资源已经分配得差不多了，这种分配体系谁进去谁都是被收割的韭菜，所以要学会对这些资源说不。寻求新资源是极其重要的。

我在海外明显能感受到，很多人并非为了房子而活，也不是为了孩子而活，更不会逼迫自己过得很凄惨。他们享受着遛狗、种花的生活，租房居住，收入够用就好。跳出旧资源去寻找新资源，一定要走新的路。

在新的道路上，你能看到还没有被分配过的新资源。最先进入就最先得到分配权，而且这些资源往往不会被缺乏学习精神的人争夺，所以你是安全的。

第二，投资什么都不如投资自己。

投资自己永远是最值得的。当你没有太多钱和资产的时候，时间就是你最宝贵的财富。当你发现无论在哪个阶层，时间都是最宝贵的这个永恒不变的真理时，你就抓住了核心的原则。即使拥有全世界的财富也买不回逝去的一秒，每个人都只有24小时，由此可见时间才是最珍贵的资产。

把时间投入真正能让自己升值的地方去，要把时间用在认知资本的积累上。比如当你买到一本好书时，可能只花了几十块钱，但能帮你少走很多弯路，这就是智力资本的积累。

多读书、多实践、多接触优秀的人，不断提升自己的认知水平。"你永远赚不到自己认知以外的钱"这句话，现在看来是多么正确的一件事。

第三，增加你的社交资本。

所谓社交资本不是你认识的朋友，而是能真正帮助你的朋友圈子。你的社交网络要建立在有效社交之上。所谓无效社交，就是当你还不够优秀时，只能给别人点赞，而对方甚至记不起加过你。

我早期写过一篇文章，是关于远离无效社交的，现在看来这个观点无比重要，因为当你还是无名之辈时，没有人愿意与你建立真正的友谊。即使勉强接触到某位"大咖"，也要花大量时间去维系关系。但当你足够优秀的时候，你不需要维系关系，只要保持优秀和谦逊就足够了。

社交资本决定了你能走多远，但社交要"有效"而非无意义，所以你可以：

· **先提升自己：** 成为值得别人认识的人，能力才是最好的名片。

· **主动靠近优秀的人：** 参加专业社群、行业活动，找到行业内的优秀榜样。

· **输出价值：** 与其拼命"攒人脉"，不如成为"有用的人"，提供你的技能或资源，赢得他人的信任。

年轻人需要远离低质量社交，集中精力打造高价值人脉。

第四，考虑时间资本。

假设你现在正处在打工阶段，要给自己设定目标，让时间价值不断提升。从一小时几十块到一小时上百上千，当你的时间越来越值钱，超出雇主的支付能力时，就可以考虑雇用他人替你工作，从而节省自己的时间。

第五，思考你的金融资本。

我来为你解释一个错误的概念：一个人有多少钱并不取决于银行里有多少存款。我妈以前在带我相亲时，总说我银行存款不多，我反而觉得庆幸，因为这样可能会筛选掉一些人。直到有位姑娘问我："你能否快速调动大量资金？"虽然我们最终没能在一起，但这个问题给了我很大启发。

金融资本不在于存款数量，而在于你调动资金的能力。一个人的财力不是看银行账户余额，而是看能调动和使用多少资金。这就解释了为什么很多 CEO 个人账户余额可能不多，但因为拥有市场信任和信用背书，能够调动大量资金。

请注意，这钱并不是他的，但他可以去管理，同样说明这个人值钱。

赚钱的底层逻辑不是每月固定收入，而是抓住几次重大机遇实现财富飞跃，这才是赚钱的关键。

到了 30 多岁，我才发现人生并不是有无数的机会，而是仅有几次关键机会。只要你能抓住关键的几次机会，精心布局，认真策划，为自己打拼，就能赚到钱了。

当然，在没有任何机会的时候，打工赚钱也是一种选择。请永远记住：我不希望一辈子都出卖自己的时间，我要为自己打拼一次。以此为目标，继续努力。

年轻人最大的财富，不是你当下拥有多少钱，而是你如何

投资自己，走好每一步。记住：

- **时间**是你的核心资产，别轻易浪费。
- **知识**是你的升值工具，持续学习新技能。
- **健康**是你的底层资本，长期保持身体状态。
- **社交**是你的助力圈，建立有效人脉。
- **储蓄与财务规划**是你的安全垫，让钱为你工作。

普通人也能布局数字资产

处在什么样的时代,就该做什么样的事。

我们现在身处 AI 新时代,千万不要重走过去的老路。因为过去的很多观念已经陈旧,赚钱、成长、成事的逻辑也过时了,它们不应该成为现在的世界观和价值观。重复走老路,永远无法到达新的地方。你需要开辟新的路。

在接下来很长一段时间,你可以布局一种资产,这也是未来金钱的流向——数字资产。

为什么要发展数字资产?从历史来看,自农业时代起,人们最先拥有的是农业资产,包括土地、牲畜、农作物等,最先拥有这些资产的人成了第一批富人。在那个时代,拥有土地就意味着富有。

但随着工业时代到来,资产特点成了复制。拥有复制能力的人就是拥有资产的人。一个人的劳动能力并不是最重要的,关键在于这套劳动逻辑能否被复制。这就是为什么拥有公司、流水线、工厂的人能够致富，因为工业时代的本质是实现规模化复制。

而现在是人工智能的新时代，你必须拥有数字资产。AI时代已经到来，我们现在甚至不再把这个时代称为互联网时代。

全球最具数字空间发展潜力的国家就是中国，因为我们拥有最大的数据量和互联网体量。虽然我们有时无法与外界完全连通，但对普通人而言，想要获得数字资产，最重要的就是有意识地及早布局。未来数字资产将在整个财富结构中占据70%～80%，财富将重新洗牌。

为什么数字资产会占越来越大的比例？很简单，农业时代的土地是有限的，工业时代的公司和工厂也是有限的。但数据不同，数据是无限的。在新时代致富，必须明白：不能用过去的思路在新时代里成事。

数字资产分为上、中、下游。上游和中游往往属于国家战略层面，比如云端、服务器、信息、存储、数字权益等。中端通常是一些大企业在布局，比如华为布局的数字凭证和数字权益。

那普通人可以做什么呢？答案是：**普通人可以尽可能地把自己的资产和有价值的部分放到互联网上。**

前两天，我在小红书上收到一条私信，有人愿意出10万元买下我只有5万粉丝的账号。为什么？很简单，因为这个号是有价值的，这就是我的数字资产。

未来，每个人都会有自己的数字资产，这种生活方式也是不可逆的，就像现在很少有人会选择回农村买地一样。

所以，我给大家的第一条建议就是：要做一个数字人。

我说的数字人，不是指在某个网站建立虚拟形象，而是要思考所有线下能解决的事，能否在线上完成。比如，以前谈生意要上酒桌，而现在，我所有谈成的事都不需要喝一滴酒，甚至不用见面就能把事情谈妥。因为有这么多高科技产品可以把你的思想和对方连接起来。只要目标一致，沟通顺畅，为什么不能合作呢？

很多时候，只需要一个中间人背书，比如有人说："尚龙这个人很靠谱，可以合作。"于是我们就能开始合作了。现在，我很多生意都是在没见过对方的情况下就签了合同，比如用电子签名。未来，所有线下能做的事，你都可以考虑在线上再做一次，这就是打造数字资产的第一步。

第二，请你树立版权意识。

有一个演员叫邹兆龙，名字大家可能不太熟悉，但他很厉害。他演过周星驰的电影《九品芝麻官》，里面的常威就是他扮演的。为什么说邹兆龙厉害？我们要说回《黑客帝国》。最初《黑客帝国》找的是李连杰，但出于各种原因，李连杰没有接这个活儿。而邹兆龙不仅接了，还获得版权收益。

因此，未来《黑客帝国》所有的数字版权都跟他有关。据说，他每年什么都不干，就能有几百万美元的被动收入。这就是版权意识的重要性。

第三，你一定要合理规划自己在数字时代的被动收入。

版权就是被动收入的一部分，也是数字资产的一部分。

在过去很长一段时间里，我总是鼓励大家写书，因为书帮了我很多。2014 年，我写了一本书，叫作《你只是看起来很努力》，卖了 300 万册。直到今天，每卖出一本，我依然可以拿到一部分版税。虽然不多，但至少是一笔稳定的被动收入。

后来，我又鼓励大家卖课，因为课也是数字资产。录一门课的过程可能非常痛苦，但一旦卖出，边际成本就会递减。每多卖出一份，成本就会低一些，甚至趋向于零。这就是为什么很多这样的公司能够创造出千万甚至亿万身价的富豪，因为他们也在布局数字资产。

现在，我建议大家做自媒体，因为这也是数字资产的重要组成。

要建立自己的账号，记录自己的高光时刻。如果你长得好看，就多拍美美的照片；如果你会打篮球，就把投篮视频发上去；像我这样表达能力强的，可以分享一些对别人有用的干货。但一个账号是不够的，你需要做矩阵，多做几个账号，多发几个平台，才是布局数字资产的正确方式。等你火了，很多人会来帮助你做矩阵，你的影响力就起来了。

最后，我为什么让你做矩阵和多个平台同步发展？因为一旦你在某个平台的流量下滑，你还可以依靠其他平台继续发展。正因为懂得布局数字资产，所以我同时做了视频号、YouTube、小红书、B 站等多个平台的账号。

总之，这都是你创造财富的机会。

想赚钱就不要被任何现实所局限

前段时间,朋友给我讲了一个斯坦福大学的实验,我听完直接被震撼到了。

斯坦福的老师给一群学生每人五美元,让他们在两小时内看看能把这钱变成多少。最后每人做三分钟演讲,分享自己是如何赚到钱的。

如果是你,你会怎么想?

你可能和我一样,想着用五美元买些气球、棒棒糖,然后高价卖出赚取差价。你可能会绞尽脑汁地谈判,就为了找到能多卖几块钱的话术。但这毕竟是斯坦福大学!有人已经意识到五美元可能是限制思维的陷阱,他们意识到:作为斯坦福大学的学生,做什么不能赚到钱?于是他们完全不考虑这五美元,而是利用这两小时去做家教,给创业公司做咨询,两个小时就赚到了一两百美元。

真正令人印象深刻的是这个团队的创新思维。他们意识到两个小时的限制之外，最具价值的其实是后面的三分钟分享环节。作为斯坦福大学的一个项目，他们巧妙地将这三分钟以650美元的价格卖给了一家猎头公司，让该公司借此机会展示企业理念，招募斯坦福的优秀人才。

要知道，这些企业平时很难获得直接进入斯坦福大学招聘的机会。

由此，这个小组爆火了。

我想，这就是我一直跟大家说的：Think outside of the box。[1]

故事讲完了，我想分享几个我的想法：

1. 你所拥有的一切，可能都像"两个小时"或"五美元"一样，既是现实条件，也可能成为限制思维的枷锁。

2. 你赚到的第一笔钱（五美元），既可能成为你的发展路径，也可能限制你的视野。

3. 你永远无法赚到超出认知以外的钱，永远不会。

4. 不要总想着传统意义上的赚钱方式（比如找话术），而要考虑自己的独有资源（如斯坦福）是否可以变现。

5. 所谓好的教育，不是循规蹈矩，而是跳出盒子去看待万物的可能性。

这个实验给了我很大的启发，让我想到了另一个类似案例。

---

1. 跳出固有的思维模式。

麻省理工学院（MIT）的一群学生曾参加过一项名为"红纸夹子挑战"的实验。他们从一枚普通红色纸夹开始，通过连续交换，一周内就换到了一辆汽车。

他们的成功之处在于突破了对纸夹子实际价值的限制，充分把握了人们对创新故事的浓厚兴趣。他们将交换过程记录分享到社交媒体，吸引了广泛关注。最终，一家汽车经销商被他们的创意打动，愿意用一辆二手车交换。

他们为什么会有这个想法呢？让我把这个故事讲给你听。

2005年，加拿大青年凯尔·麦克唐纳（Kyle MacDonald）用一枚红色曲别针完成了一场"疯狂"的交换游戏：通过14次交换，他最终用一枚不起眼的小曲别针换到了一栋两层楼的房子！

这个令人惊叹的故事不仅在网络上迅速传播，更在全球范围内激发了无数人对创造性思维和勇气的反思。让我们一起深入挖掘麦克唐纳的传奇旅程，看他如何用一枚小小的曲别针撬动了自己的人生，也撬动了全世界的想象力。

这个故事源于一个简单的想法。当时的凯尔·麦克唐纳只是加拿大一位普通的年轻人，既没有稳定的收入，也没有购房积蓄。一天，他突然萌生了一个有趣的想法："能否通过不断的交换，把小物件逐渐换为大物件？"于是，他拿起桌上一枚红色曲别针，拍照发到网络论坛，正式开启了这场交换计划。起初，他只专注于寻找愿意交换的人，至于能否成功获得理想中的物品，这个问题他暂时抛在一边。重要的是，他迈出了创意实践的第一步。

麦克唐纳的第一个交换对象是一位愿意用鱼形笔换曲别针的网友。虽然都是小物件，但这次成功的交换证实了他的想法是可行的。接着，他又用鱼形笔换到了手工雕刻的陶瓷门把手，然后不断寻找对这些小物件感兴趣的人，逐步完成物品的升级置换。

在14次交换过程中，他获得了从露营炉到本田发电机，从啤酒桶到雪地摩托等各种物品，甚至包括与摇滚明星艾利斯·库珀共度下午的独特体验。通过这些不断升级的交换，麦克唐纳深刻认识到，每次交换不仅带来物质价值的提升，更积累了人脉资源，加深了对人性的理解。

在整个过程中，麦克唐纳始终保持耐心，没有急于追求快速成功。他耐心地寻找每件物品最合适的下一个"买家"，每次交换背后都有无数次的沟通和商量。他要让对方相信，这个交换是值得的，是能够让彼此获得价值的。正是他愿意花时间去理解对方的需求，使得每次交换都更具意义。他积极在各类网络平台发布信息，与数百位陌生人交谈，打破了许多原本存在的隔阂和交际壁垒，展现了有效沟通的力量。

麦克唐纳的这场交换挑战，归根结底是他创造性思维的极致展现。普通人看到的是一枚曲别针的微不足道，而麦克唐纳看到了它无限的可能性。在每一次物品的选择中，他并非单纯选择价值更高的物品，而是选择了更有故事性、更有吸引力的物品，以此来吸引更多人的关注。

这也证明了：**创造力的极限不在于我们拥有多少资源，而在于我们如何看待手中的资源，并用这些资源实现价值最大化。**

后来，凯尔·麦克唐纳将他的"红色曲别针"故事写成了一本书，名为 *One Red Paperclip: How a Small Piece of Stationery Turned into a Great Big Adventure*（《一枚红色曲别针：一个天方夜谭神话的缔造者》）。这本书详细记录了他从一枚红色曲别针换到一套房子的全过程，以及其间的挑战、收获和思考。

书中，麦克唐纳不仅讲述了每次交换的过程，还分享了他对冒险、坚持、创造力和社交的深刻见解。这本书激励了许多读者突破自我，追逐梦想，也让人们认识到在现代生活中沟通与分享的重要性。

这些故事给了我更多启发，我想补充以下几点：

1. 质疑常规思维：不要被表面的规则和限制所束缚，要勇于挑战固有思维模式。

2. 利用网络和社交媒体的力量：在当今社会，互联网是一个巨大的资源库，善于利用可以事半功倍。

3. 提升叙事能力：一个打动人心的故事能大大提升你所提供的价值。

4. 整合现有资源：学会整合手头资源，寻找合作机会，实现共赢。

5. 目标导向：明确最终目标是什么，然后倒推思考，找到比传统方法更高效的实现路径。

回到最初的实验，那些斯坦福的学生之所以能取得如此惊人的成果，正是因为他们跳出了"五美元"和"两个小时"的限制，发现了更广阔的舞台和更多的机会。

我们在日常生活和工作中，也常会遇到类似的情况，经常被眼前的条件所局限，忽视了自身潜力和外部机遇。这个实验提醒我们，保持开放心态，突破思维定式，才能创造更大价值。

请你在守住内心自我的同时，时不时跳出盒子看看更大的世界。

工作焦虑到失眠，就抓紧走吧

前段时间有个学生问我："我工作焦虑到失眠，想到第二天要上班就掉头发，怎么办？"我说："没关系，头发就是拿来秃的，我也是，我都快没头发了，虽然工作压力不大。"

他说："我真的快掉光头发了。"

过了几天，他给我看了医院的诊断证明，天哪，真的是大面积脱发。我看照片，才发现他脑袋上有一块儿已经秃了。我问："是什么样的工作让你这么焦虑？"

他说："老板动不动大半夜给我打电话，让我把文档做完，把PPT做完。"

我说："你是不是进入电商行业了？"

他点点头。原来他在一家头部电商公司做直播运营，主播动不动大半夜开始播，播到凌晨，他们还要复盘。一个月工资确实挺多，但这让他心力交瘁，身体出现了多处不适。我说：

"你要不先去体检一下？"

他说："我哪有时间体检？"

我说："你听我的，去体检一下。"果然，一体检，各种问题全来了。他问了我一个灵魂拷问："龙哥，我要不要辞职？如果辞职了，未来在哪儿还能找到这么好的工作，一个月能给我这么多钱？"

我就问了他一个问题："还要命吗？"

他想了想，说："命不就是要花在重要的事上吗？"

我问："什么叫重要？"

他愣了一会儿，说："目前来说，工作最重要。"

我跟他讲了两个案例。第一个是澳大利亚最近颁布的一条法律，严禁老板下班后联系员工，因为员工有自己的生活，不能把工作和生活混为一谈。员工下班后可以不回老板微信。

第二个是我在加拿大的朋友，他是个华人，刚移民到加拿大，找到了一份工作，每天下午三点下班，还挺开心。但他想，好不容易找了份工作，得表现一下，于是第一天就加班，开始"卷"同事，三点半还坐在电脑旁边。他的主管很不解，以为他遇到什么问题了，于是走到他工位前问："你为什么三点半还没下班？"

当弄明白他的意图之后，主管说："我跟你说实话，如果你这样做会提高整个团队的 level。"

什么意思呢？主管解释道："你今天三点半下班，会让合作方的工作量也增大，最后大家都会陷入无休止的竞争中。这不利于企业的长期发展。而且你把工作做完了，领导可能就该开掉你了。开掉你也就算了，可能整个团队也会被开掉，这对整个行业都不利。所以你要不要考虑准时下班？"

从那之后，他再也不卷了，三点准时下班。这个朋友跟我说："原来觉得工作是生活的全部，现在才知道工作只是生活的一部分，996根本不是福报。"

工业革命时期，工人们用生命拼出来的周六、周日休息日和八小时工作制，你为了可能获得的收益就轻易打破它，真的值得吗？**这些内卷大部分并没有转化为生产力，只是无效地消耗时间。**比如一周可能只做了一份PPT，而这份PPT本可以在两个小时内做完。随着人工智能的发展，甚至两分钟就能做完。人在越来越像机器的同时，机器却越来越像人。人还需要休息，机器现在也需要休息。

我接着问那个朋友："这家公司有你的股份吗？"

他说："当然没有。"

我问："这个业务有你的分成吗？"

他说："也没有。"

我说："你只有奖金和工资，对吗？"

他说："是的。"

我说："你就是个打工人，既然是个打工人，就不要到处操劳了。"

后来我在互联网大厂的直播行业里多次遇到类似的年轻人。他们把自己卷得筋疲力尽，常常在黑夜中抬头仰望着烟雾和星空，问自己："我到底是为了什么？"每个月只有在拿到工资的那一刻才会感到短暂的开心，但这样的生活到底有什么意义呢？

他们陷入了迷思。每当陷入这种迷思时，他们就提醒自己："我来大城市是为了奋斗的。"于是继续奋斗下去。这样的人通常有个特点，他们用战术上的勤奋掩盖战略上的懒惰。他们从来不去想，这件事到底和自己有什么关系。

我常问这些人："你在北京这么长时间了，有看过一场歌剧、话剧或音乐剧吗？你到上海，每天加班到深夜，去过上海的迪士尼，或者登电视塔吗？你在广州、深圳、武汉、成都工作奋斗时，谈过一次刻骨铭心的恋爱吗？喝过一次酣畅淋漓的大酒吗？你都没有，你只是在工作。你把工作当成了生活中唯一可以抓住的东西，却忘了工作和生活可以平衡。只要你有一点智慧就能做到这一点。你不需要替老板承担责任，拿着员工的工资，工作就是你出卖时间换取公司资源，仅此而已。"

之后，我采访过很多年轻人，经过和他们交流，我总结出了以下五条建议，希望能帮到你。

第一，上班没必要承担过多责任。

不是你的事就不要管。当你的身体报警了，请立刻停下来。我讲个真实的故事。我们之前组建了一个电商直播团队，在北京四环旁边的别墅里租了一间屋子。当时我们打算长时间做直播，这个别墅很大，月租3万元。看房时，我们发现另一栋装修非常好的别墅，里面的人也做电商，有十几个房间，还能休息,附近外卖很多,特别适合直播,而且它的租金只要2万元。我觉得很奇怪,为什么不赶快租下?我们跟中介聊了很久,准备付钱时,中介突然告诉我:"龙哥,我知道你是个小名人,我不能跟你撒谎,不然我们以后做不了朋友。"

我问:"怎么了?你说。"

他说:"这个房子两个星期前死过一个人。"

我问:"怎么死的?"

他说:"一个主播连续直播三天没睡觉,突发心脏病死了。公司老板现在跑路了,找不到人了。房子装修得这么好,有部分原因是这事,那么2万元的价格你接受吗?"

当时我吓了一跳。我说:"这么大的事儿,怎么不早说?你还得再便宜5000元,不然我就不来了。"

房东笑着说:"别说5000了,我们的底线是1万,有人来住就行。"我当时开玩笑说这话的时候,团队里有个小姑娘听到了。她之前对我特别好,说"龙哥,只要你决定了,我鞠躬尽瘁死而后已"。但听到有个主播死在那儿,她马上说:"龙哥,没必要,如果你租这个房子,我就辞职了。我命是自己的,工作是你的。"这才是真实的她,也符合她的价值观,更符合工作的逻辑。

第二,不要焦虑,老板的焦虑是老板的。

很多老板会通过辱骂下属或给下属制造焦虑来减轻自己的焦虑,但责任是谁的就是谁的。你来打工是为了执行老板的意志,老板想不明白,让你做些乱七八糟的事,最后把责任甩给你，你会更痛苦。所以老板的焦虑让他去承受，你要保持冷静，不能让工作消耗掉你对生活的热情。

第三，少说话。

在职场中，你已经进入了成年人的世界。少说话，多做事。过分讨好不会赢得尊重。我曾说："让人尊重你的前提是你值得被尊重。"管闲事也是如此，你要让自己的事情变得有价值，而不是重复或消耗自己的精力。跟任何人说话，尤其是和老板沟通时，要三思而后行。

第四，拿到手的虚荣都是假的，实实在在的才是真的。

如果你获得了什么年度最佳员工奖、最诚恳员工奖，记得多问一句"有没有奖金"，如果没有，或者一边降薪一边发奖，你就知道这些奖的价值了。虚荣终究是假的。

第五，如果伤害到了身体，请立刻叫停。

如果损害了自己的利益，请立刻叫停。我经常反思公司的制度，比如打卡制度，究竟能否提高效率，还是在抑制创造力？八小时工作制是在帮助员工成长，还是在消耗他们？我的结论是，它确实在消耗人。

工业时代的工作逻辑是把人牢牢控制在岗位上，让人像机器一样为老板服务。但现在是信息时代，更需要掌控信息的能力和较强的应变能力。上帝把人带到了数字时代，乔布斯发明了苹果手机，我们有这么多优秀的高科技不用，非要让人在地铁里挤着打卡，陷入无休止的内卷，这又有什么意义？

我在深圳成立了一家小公司，负责剪辑我直播时的切片。

他们最厉害的时候，一个月能做到两千万的流量。你可能不敢相信，这个团队只有 6 个人，管着 60 个账号。他们每周只打一次卡，周一开会，其余时间在家工作。每天只工作两三个小时，定时发布内容，剩余时间可以做自己想做的事，而且从未出现过工作问题。

所以，如果你的工作已经伤害到了你的身体，让你陷入无休止的内卷，不妨思考一下是否还有其他出路。

这个世界上没有任何人或规则能强制你必须立即做什么事。就算有人说"必须马上做"，也要记住，你其实还有选择，因为你至少可以选择离开。

失业后的重新出发

身边很多朋友失业时,我常用这句话安慰他们:不要太担心未来,如果失业了,就当作重新开始。

这一节送给那些已经失业或者负债的人。

在过去一段时间里,我身边有许多失业、负债的人。经过开导,我发现成功与否,总结起来就两句话:要么带着债继续前行,适应新的生活状态;要么给自己几天时间放空,不要着急。**无论选择哪种方式,都要以"重新开始"为基础**。真正的强者永远敢于重新开始,想想看,儿时是不是有很多想做却没做的事?不如趁现在守正归零。

无论是负债还是失业,都可以借此机会重新建立这五件事。

第一,**重新建立自己的圈子**。那些通过应酬认识的不靠谱的朋友该远离就远离,那些不能帮你创造价值反而消耗你的人,该绝交就绝交。那些只会传播负能量却不能带来实质帮助的圈子，是时候说再见了。

第二，重新建立自己的目标。很多人负债的原因在于长期目标的偏差，建议找个安静的地方，通过写日记梳理思路，找回最初的出发点。

第三，重建信心。失业往往会严重打击个人信心，尤其是在被拒绝的过程中，你会分不清是时代因素还是个人因素导致失业的。可以从一些小事儿开始做起，比如每天坚持早起，坚持打卡一周，或者用悦跑圈App记录跑步，争取一个月跑到10公里。这些看似简单的行动，能帮助你走出失去信心的状态。

第四，重建日常习惯和财务结构。失业会打乱原有生活节奏，重建健康的生活习惯和财务规划很重要。计算每日必要开销，设定自己和家人的最低生存成本，据此制订财务计划。记住，这世界没什么刚需，也没有什么非做不可的事，放下面子重新开始，活下来比什么都重要。

第五，重新建立自己。请把这句话重复一遍：过去的自己已经走了，一个新的自己正在重生。

接下来分享失业后必做的六件事。这些建议来自广泛的调研，我很遗憾没有及早整理分享，否则能帮助更多人。

第一，降低欲望，降低预期，降低消费。

当你拿到离职赔偿或确认自己丢掉工作的时候，请告诉自己，接下来三到六个月可能要勒紧裤腰带，保持平常心，降低消费欲望和预期。记住一句话，这句话能帮你渡过难关：人不必天天工作，不用每天都过得那么快节奏，慢一点挺好的。你可以倒计时，告诉自己苦日子开始了，但这也是重新开始的日子。

从零开始，心态越好，人就会越来越好，所以什么都可以丢，就是不要丢掉好心态。**一个人保持乐观、开心，往往能得到好运，这并非吸引力法则，而是经过验证的心理学理论。**

一件事的发生，好与坏并非取决于事情本身，而取决于你如何看待它。况且到了人生的谷底，只会越来越好，你可以什么都不相信，但要相信周期。人和时代都是这样，到谷底之后必然会反弹。

第二，停一下。

别着急去跑外卖、做服务员这些廉价出卖时间的工作，这些工作随时都能做。让这三到六个月成为你的 Gap Year，去放空自己，读书、写作、见不同的人。

想想看，你儿时最想做的事是什么？如果不知道，找个安静的地方去复盘。拿出一张白纸，不设限制地书写，写着写着就能找到思路，也别担心这段时间不工作会焦虑，读书、锻炼能降低 90% 以上的焦虑。写作能帮你思考为什么会失业，做错了什么，哪些可以继续，哪些做得好，哪些做得不好，有则改之，无则加勉。

如果负债也不要着急。我见过很多负债的人，他们都后悔在负债后过于着急，用仅剩的或能调动的钱继续创业、投资，最后还是走了老路。你之所以负债，是因为过去的认知出现偏差。如果此时不彻底反思为什么负债，用同样的方式继续走老路，债务只会越来越多。越是负债越不要着急，因为仓促的决定往往都是错误的，不要想着一次性还清债务，慢慢来，再等等。

第三，重学一个技能。

这个技能可以是小时候想学的，也可以是对未来几年有帮助的。我从考虫离职后自学了尤克里里，现在能在任何场合给人唱一首《小星星》了。你可以想想后半生最想做什么。请注意，要从自身出发，不要像大学毕业后或找上一份工作时那样，没有目标就被某件事卷入。

花时间思考一下，你后半生想做什么？这件事能持久吗？你想学什么技能？**只需关注两个字：长久**。假设后半生只能做一件事，这件事会陪伴你很久，那会是什么？

建议你可以学习一些长期不会贬值的技能，比如写作、吉他、PS、PPT、摄影、自媒体、AI技术运用、基础编程等。

第四，看行业，看赛道，重新出发。

既然重新开始，没必要再守着自己已经丢掉的行业或抛弃你的行业。看看什么赛道能赚钱，不懂就学习相关知识，关键是这个赛道能持续盈利。多关注行业报道，多接触不同行业的人，放下沉没成本，不要总想着已经学了这个专业，在这个行业干了这么多年，这些资源不用就浪费了。

斯坦福有个著名实验：当你手上有一杯水，接下来该做什么？很多人想着把水泼掉或喝掉，都在围绕这杯水做文章，其实大错特错。手上有一杯水时，最需要做的事与这杯水无关，而是去做想做的事和能做的事。

这杯水就像你的专业、已有的东西、沉没成本，既然已经没了，不如从零开始。

第五，可以不找工作，但要找事做。

在没工作的一段日子里千万不要颓废，别宅在家里，别陷入舒适区。工作不是一下就能找到的，而是边走边找，是碰出来的，千万不要离开市场太久，否则别人会忘记你。

我有一个很好的朋友，离职后在大理一待就是三个月，三个月觉得没待够，于是又待了半年，回来后发现已经没人记得他了。重新投入市场时，面试官一定会问：这半年你做什么去了？所以不要离市场太远，可以做点小事，不一定需要团队，哪怕在朋友圈卖东西，保持与人约见，或加入失业互助小群，结交新朋友，都是非常好的方式。

如果是中年失业，35岁以后不要再找工作，可以尝试创业。我说的创业是低风险创业，卖东西、拍短视频都行。多问问自己喜欢什么，把第二次创业建立在自己喜欢的事情上，这样能持续更久。

对生活和工作都要保持兴趣，也不要总想着跟上风口，这些风口大概率与你无关。**要寻找自己的热爱，把热爱变成风口。**

第六，走出去。

我指的不仅是物理上的走出去，更是精神上的走出去。换个城市你会发现有不同的活法，换个国家你会发现思路都不一样了。这些年很多人说我没怎么老，很大程度上是因为我经常与年轻人交流，我很少和"精神老年人"走得近，当一个人不思进取，不愿意进步，我大概率离他就比较远了。

最后，我想告诉那些当下有稳定工作的人，请记住你早晚都会离开，不可能在一个岗位干一辈子，过去像我们父母那样一份工作能干一辈子的情况已经不复存在了，时代的变化是你无法想象的。

骑驴找马，居安思危，是每个人应对风险最好的方式。

用长期主义的原则投资自己

最近几年,我发现越来越多年轻人热衷于玄学,有人在工作学习之余去"上香",有人研究星座、解塔罗牌,试图寻找一丝确定感。

这种现象看似荒诞,背后原因却很现实:人们太疲惫也太迷茫了,想要找到些许慰藉。

但玄学能带来的安慰短暂且虚无,因为问题依旧存在,并没有被解决。那么,迷茫焦虑时,靠什么才能真正找到方向?我想说:**与其等待运气,不如一步步让自己变好。投资自己,才是应对焦虑和迷茫的最佳方式。**

如何有效投资自己?

1. 投资你的知识:找到打开世界的钥匙。

很多时候我们之所以焦虑,是因为手中的资源太少,不知道应该如何改变现状。其实最简单、成本最低的方法就是学习。

·阅读真正能帮你的书：比如达利欧的《原则》，可以教你如何建立一套适用于生活和工作的方法论。再比如《刻意练习》，能让你明白能力的提升是可以被科学规划的。

·学一项新技能：试着去学些对未来有用的技能，比如用AI工具提升效率，或者学剪辑、写作、编程，这些都是低成本但能让你增值的技能。

·坚持输入和输出：看到一个观点时，尝试记录下来，写成笔记、文章，或者和朋友聊聊。输入加输出，能让你的思维更清晰，认知更扎实。

你能赚到的钱，永远不会超过你的认知。提升认知，是让你脱离迷茫最快的方法。

2. 投资你的时间：让每一分钟都更有价值。

时间是年轻人最宝贵的东西，但很多时候我们在无意识地浪费它。如何有效投资时间？

·减少无意义的消耗：刷短视频、追八卦、无效社交所带来的快乐是短暂的，从长期看，它们会占用你本可以用来提升的时间。

·设定一些小目标：比如"每天读20页书"，或者"每周学10个英语单词"，目标小但能坚持，久了你会发现自己积累了很多。

·管理你的高效时间：找到自己一天中状态最佳的时间段，把重要的事情安排在那段时间完成。

时间用在哪里，未来就在哪里。迷茫时，把时间花在能让自己变好的事情上。

3. 投资你的健康：让身体和心态成为你的底气。

年轻的时候，我们总觉得身体扛得住，熬一熬就过去了。但健康是一切的基础，失去了它，所有的努力都会清零。

·**规律作息**：睡个好觉，状态真的会好很多。保持七八个小时的睡眠，白天的状态自然会跟着变好。

·**运动是最好的投资**：每周安排两三次跑步、游泳或力量训练，运动不仅能让你更健康，还能缓解焦虑。

·**好好吃饭，少点外卖**：再忙也要记得按时吃饭，少油少糖，尽量保证营养均衡。

身体好，心态也会跟着好。面对挑战时，你才有足够的底气去扛下去。

4. 投资有效的社交：认识让你变得更好的人。

朋友圈里"点赞之交"很多，但真正能让你成长的社交很少。

·**先把自己变得更好**：你越有能力，越优秀，就越容易遇到同样优秀的人。

·**主动靠近那些比你厉害的人**：比如参加一个读书会，或者线上学习社群，去接触那些思考有深度、行动有结果的人。

·**避免无效社交**：和谁在一起很重要，不要把时间浪费在过度社交和无意义的饭局上。

好的社交不在于数量多，而在于质量高。认识更优秀的人，也会让你成为更好的自己。

5. 给自己留一点余地：储蓄是安全感，也是选择权。

焦虑很多时候来自对未来的不确定，而拥有一笔钱，往往能带来踏实的安全感。

·**养成存钱的习惯：** 每个月把收入的 20%～30% 存下来，哪怕少一点也没关系，关键是养成习惯。

·**别被消费主义裹挟：** 不要为了"显得过得好"去花没必要的钱，真正的自由是你有选择的余地，而不是被债务捆绑。

存下的钱，能让你在面对机会时敢于选择，而不是因为经济压力不得不妥协。

迷茫和焦虑是当代年轻人共同的困扰，但解决方法并不复杂：**投资自己，让自己变得更好，其他的都会慢慢跟着变好。** 当你拥有了扎实的知识、健康的体魄、高效的时间管理能力和充足的安全感，你的路自然会越走越宽。

最后，焦虑时，不妨问自己一个问题：今天的我，是否比昨天更好一点？

只要每天都在进步，哪怕是一点点，你的人生也会大不一样。

人最宝贵的资源就是时间,
要把时间放在自己热爱的事业上,
这样才能真正赚到钱。

金钱篇

财富是对认知和意志的奖励

人脉篇

谁认识你
比你认识谁更重要

人脉篇

**有效社交的前提，
是让自己成为有价值的、能贡献的人。**

找到有价值的人脉资源

在日常生活中,我特别讨厌那种动不动就说自己有什么资源的人。起初我还觉得这种人很厉害,后来被骗了几次,再有人跟我说他有什么资源时,我都会先问他一句:"你是有煤还是有矿?"再后来,我发现经常说自己有什么资源的人,80%都是骗子。

我们总能看到一些人拿着无效资源吹嘘,说自己有通天的关系。为什么我说它大概率是无效资源?因为一旦开始做事,这些资源就派不上用场。换句话说,这些事跟这些人没有任何关系,就算他认识,也很难调动这些资源。

还有些人特别喜欢搞资源,朋友圈里加满了人,说起来都认识,但一问当事人,根本不认识他。我有个朋友就特别喜欢搞关系,天天到别人家去喝普洱茶,普洱茶都喝"两吨"了,却什么事也没干成。但这个人有个优点,就是每次一问,谁他都认识，所以他成了我身边一个很重要的"路由器"。后来他开始收费了，每次我谈成一件事他都要提成，我就不找他了。

因为我知道，人脉资源这件事根本不取决于你认识谁，而取决于谁认识你，也不取决于你能连接到谁，而是取决于你是否能通过这些人把事做成。

在这一节里，我要和你分享几个关于资源的秘密。年轻人在这个世界上一定要学会寻找属于自己的资源。过去，老一辈人的理解是有什么资源做什么事。但现在年轻人必须反过来思考，要知道自己想做什么，然后去寻找相应的资源。

接下来，我给你分享六条关键的资源秘密。

第一，要寻找有效资源。

请恕我直言，酒桌上认识的人大概都是无效资源，并不是我瞧不起那些在酒桌上混资源、谈事的人，而是因为在酒桌上谈事的时代已经过去了。过去大家需要在酒桌上谈生意，但现在互联网和大数据已经重新分配了更多的资源。所以与其在酒桌上喝到身体出问题，不如打开手机多下载几个软件，去接触那些与你同频的人。

什么是有效资源？答案是用得上的人。这听起来好像非常世俗、功利，但做事本身就是这样的。很多人你只是认识，但不一定能用得上，因为能用上的前提是要有等价的交换。如果不能实现等价交换，资源就是无效的。换句话说，当你无法给他人提供等价的交换，别人也不可能给你提供等价的友情，这在成年人世界中非常正常，也请你不要玻璃心。

那么怎样去寻找有效资源？我的答案就是读书。

这个世界上很多优秀的高手都有自己的著作，所以要多读高手的书。很多人觉得读书无用，其实不是读书无用，而是自己无用。自己无用，不仅是读书，干什么都无用。

我来给你举个例子，我曾经想做一件事，于是找到了一本销量不错的书。这本书上写着作者的社交媒体账号，我就在社交媒体上找到了这位作者。这位作者在行业里很有名气，我想结交一下。当然我也可以通过朋友来认识，但那次我想自己试一试，于是就在后台留言写了一封很长的信。这个作者点开我的微博头像，发现我是一个有四百多万粉丝的博主，又在网上查了查，觉得我还不错，就加了我的微信。我跟他聊了几句后，他把我拉进了他的群。

刚进群时我是不说话的，但既然想认识人家，就得记住交友的三个原则：出现、表现和贡献。在群里只要有人提问，我能回答的就一定主动回答。

这就是交朋友的逻辑：利他、多给、少要。在群里要多说话，在社交媒体上要多说话，这也是我经常跟大家说的。真理并不掌握在少数人手中，而是掌握在话多的人手里。后来，群里有一个大哥和我同在一个行业，关注到我了，觉得我能提供思路，就加了我，现在我们也在合伙做一件事。我至今非常感谢那次找资源的方式。

有人可能会说，要是联系作者，作者不理我怎么办？

没关系。现在有很多付费渠道，你可以找到这个老师的课程，然后进入他的圈子；如果你实在无法融入，说明你的量级暂时不够。这个作者加不到，你可以去加另外的作者，大作者加不到，就加中等作者，中等作者加不到就加小作者，他们总有社交媒体账号。现在很多人写书就是为了被更多人认识。当你加上对方后，切记要多提供你的价值。

你一定要用好互联网。大数据时代，不像早年的酒桌文化需要喝到一起，现在能在网上相遇就说明缘分不浅，至少有相同的爱好和思考方式。

第二，多组局。

你可能会觉得很奇怪，不是说在酒桌上谈事已经没什么用了吗？是的，但组局就不一样了。因为组局有明确的目的，是把大家拉到你身边，让大家互相认识，而组局的目标是自己的。既然是你组局，大家自然会围绕在你身边。我建议如果你真想拥有更多有效资源，就要多请客吃饭。

想想看，一顿饭才多少钱？但在吃这顿饭的时间里，大家几乎都是以你为中心的。所谓找资源就是要成为资源的中心，当大家互相以你为中心建立联系，甚至开展合作，这样的资源才是真正有效的。很多人特别讨厌这种局，但请恕我直言，世界本来就是一个局。你需要组局、破局、成局，只有这样才能成事。吃饭跟谁吃不是吃，千万不要独自享用晚餐。

如果你刚开始创业或者在找资源，不要给自己设限。组局时不一定要喝酒，但一定要畅所欲言，多聊天。

我记得刚开始读商学院时，特别好奇为什么这帮人那么爱出去吃饭，后来才知道他们是通过吃饭、喝酒来筛选人。一个班可能有 80 个人，最后筛选到能为自己所用的只有一两个人。通过一次次吃饭，他们辨别出谁是外人，谁是自己人。

你看，这就是在组局过程中，把不同圈子的人筛掉，把相同圈子的人拢在身边，完成了资源的有效性确认。所以要多自己组局，少盲目地参加别人的局。

第三，整合资源。

整合资源是未来人工智能无法替代的工作。人工智能可以知道很多东西，但它不知道每个人的大脑都像一口深井，每个人都有自己的专长和擅长的圈子。人工智能不可能把所有圈子都囊括其中。

为什么很多优秀的 CEO 是人工智能无法替代的？因为他们每个领域都懂一点，懂技术、懂产品、懂内容、懂传播，但并不需要非常精通，而是需要把行业内精通且有号召力的人招到身边，为己所用。你会发现，这些优秀的 CEO 其实也是组局的人，只是他们组的不是饭局，而是业务上的局、工作上的局。他们把这些人招到一起，许一个向前的目标，让每个人都相信，然后带着大家一起前进。

在未来人工智能时代，有一个特别重要的技能，就是获取认可的能力。有些人一说话别人就爱听，有些人一说话大家就很反感，觉得油腻、虚伪。为什么？还是要回到交朋友的逻辑，就是看说话是否真诚，是否利他。

未来受大家喜欢的领导，就像知心大姐姐、大哥哥一样，绝不是简单的上下级关系。这样员工和团队的伙伴才愿意跟你倾诉，也愿意倾听，这就是领导力。让别人都愿意聚集过来、愿意相信、愿意倾听，这就是资源整合的核心秘密。

很多公司也是一样，滴滴、uber没有一辆车却整合了出租车市场；淘宝、拼多多没有任何零售店却整合了零售业。所有善于整合资源的个人和公司都将成为最大的赢家。

第四，养成收集资源的习惯。

我在斯坦福的时候，一个大哥介绍我认识了一位老板。这位老板的孩子在斯坦福上学，他想做TikTok，做短剧出海的业务，正在找编剧，问我要不要合作。我当然答应了。接着，老板讲了自己的商业模式，他讲了半天后我问他认不认识一个叫孙总的人。

他很惊讶地问："你怎么知道我认识孙总？"我说这位孙总的业务模式似乎和你一样。我打开手机，找到了之前记录的孙总的业务模式。当时记下来是想着以后没钱可能需要写短剧的剧本，要找孙总让他给我派活儿。

当天晚上，这位老总就和孙总一起，我们在斯坦福吃了顿饭。孙总在饭桌上说："我来斯坦福这件事谁也不知道，没想到让你给抓到了。"我说我也是碰巧遇到这件事。孙总笑着说："对了，最近我有个短剧的活儿，你要是有空就给你。"我因为这个活儿多赚了30万元。

你看，这就是资源整合的力量。资源整合绝不是一瞬间就能完成的，而是要养成收集资源的习惯。你的脑子里要有一根弦，认识新朋友、看到新闻网站、获取新消息，都要有意识地记录下来。好记性不如烂笔头，命好不如习惯好。

第五，20岁靠体力，30岁靠能力，40岁以后应该靠整合资源。

我认识的人里，很多人40岁以后都过得非常辛苦。你想，40多岁还要朝九晚五，只能靠出卖时间来赚钱。这是因为他们没有意识到，到了一定年龄阶段，如果仍然只依靠能力和体力赚钱，未来的结果就只能被社会淘汰。

为什么现在的互联网大厂频频爆出"35岁以后裁员"的新闻？原因有三：第一，薪资成本过高；第二，管理难度大；第三，体力又不行，没有年轻人能干。因此公司往往会给予一笔丰厚的补偿金，让这些人另谋出路。但问题是，他们真的能找到新工作吗？不一定。很多公司都不愿接纳35岁以上的求职者。这虽然看似是年龄歧视，却是不争的现实。人到40多岁，若还只能靠出卖时间赚钱，必然会身心俱疲。

因此，年轻人要预防35岁危机，关键在于及早学会整合资源。

第六，除了人脉资源，这个时代最重要的就是信息资源。

我总跟大家讲，个人的数字资产是未来重要的布局方向。对普通人而言，信息源就是重要的数据资产。要多读书，多浏览YouTube、B站，接触一些鲜为人知的网站。信息源本身就是一种资源。如何获取优质信息源？答案是付费。

要记住，互联网时代有很多免费信息，但免费的其实是最贵的，因为背后隐藏着大量割韭菜的商业逻辑。举个例子，作为内容创作者，如果让我免费写 10 万字，我不会认真对待，可能就是随便写写，错别字也不会校对。但如果支付了稿费，我就会认真对待，字斟句酌，因为我需要对这笔钱负责。

你看，只需支付少许费用，就能获取最优质的信息源。这就是为什么我认为读书很划算，花二三十块钱，就能获得作者长期的思考成果。

当然，对于不愿付费的朋友，我也收集了一些优质的免费学习网站：

- Oesay[1]
- Doyoudo 自学网[2]
- 我要自学网
- 国家开放大学终身教育平台

---

1. 注重实用性的职业技能学习平台。
2. 专注于提供自学资源的学习平台。

如何向上社交

什么是向上社交？

很多年轻人都问过我这个问题。我非常反对把向上社交等同于混圈子，因为很多人看似混进了很多高大上的圈子，最后却都成了"点赞之交"。所谓点赞之交，就是你给别人点赞，而别人基本上不会留意你。我把这种点赞之交称为无效的社交。

先声明，什么是无效的社交？如果你不优秀，如果你不能给别人创造价值，认识谁都没用。交朋友的本质在于谁认识你，谁愿意帮助你，而不是你认识谁。我写过一篇关于放弃无用社交的文章，自己也犯过很多错误，那篇文章就是我的反思。

比如，有一次我想加一个人的微信，因为我有事相求，但那个人最终拒绝了我，让我觉得很没面子。原因很简单：介绍我们认识的那个人没有好好介绍我，对方不知道我是做什么的，所以自然担心我会麻烦他。后来在另一个场合，我再次遇到这个人，我们成了很好的朋友。因为这次我是以一家公司人工智能顾问的身份出席，而他的公司刚好处于往人工智能转型的阶段，于是我们建立了很好的联系。

那一刻，我明白了一个道理：无论你多厉害，只要不能给人提供价值，大概就不能和别人真正成为朋友。因此，在谈向上社交之前，**首先要让自己成为一个有价值的、愿意贡献的人。**

但如果你是一个初入社会的年轻人、没有什么资源的普通人，如何与牛人交朋友呢？这一节将告诉你五条秘诀。

第一，让牛人参与到你的成长里。

我曾经遇到一个下属，他是1996年出生的。他与其他员工不同，几乎每天都会给我写日报，告诉我他今天做了什么，有什么启发，如何成长。他离职后，我们成了很好的朋友。原因很简单，其他员工只是在汇报工作，而他在汇报成长。

人，尤其是像我们这样的中老年男人，总有一个"好为人师"的习惯。虽然我时刻提醒自己不要随便给人免费的建议，但有时候就是忍不住，想要参与到年轻人的成长中。他长期坚持这样记录，让我感觉他像我的孩子或弟弟一样。

后来，他去创业，我投资入股，我们的关系也因此更进一步。有一次，我偶然看到他的直播，他提到："龙哥见证了我的成长，我很感谢他。"所以请记住，一定要让牛人见证你的成长。只有当他看到你与众不同的变化，他才愿意参与进来。

让牛人见证你的成长，是向上社交的关键。

第二，大胆一点，再大胆一点。

其实，真正的牛人往往没有架子。我见过的几乎所有厉害的人都没有太大的架子。所以不要恐惧，要大大方方地与他们成为朋友。如果有机会相处，也不要因为害怕就一句话不说。如果你不说话，别人根本不知道你在想什么，更别说是否知道你想与他们交朋友。

你可以多问少说。多问他们的思想、见解和观点，让他们表达。如果他们不愿深入讨论，你可以聊一些轻松的话题，比如："你喜欢吃什么？""有什么忌口？"或者"你最喜欢哪个城市？"

另外，一定要主动出击。我刚开始写书时，就主动联系古典老师（《拆掉思维里的墙》作者），请他写序。当时我们并不认识，但我写了一封长信，他回复了，还愿意帮我写序。后来我们成了很好的朋友，到现在，他依然乐意帮助我。

还有人说："我给一些牛人发信息，他们没回。"我还是那句话：你要继续勇敢，万一他回了呢。我在加拿大上学时，经常去咖啡厅，每次看到受欢迎的教授，都会主动上前交谈，甚至请求交换电子邮箱。结果，他们真的会把电子邮箱账号给我，后续交流也很顺畅。

所以，要主动与牛人建立联系，主动介绍自己，解释为什么想联系对方。

第三，带着共同语言，不如找共同目标。

有共同目标的人更容易成为朋友。我常说，在大城市里交朋友的最好方式就是一起做一件事。只要你们有共同目标，无论现在身份差距多大，都能成为朋友。

有一次，我在硅谷遇到一位投资人，很想约他聊聊。但对方管理着几个亿的项目，可能不会见我。后来，一个咨询师建议说："你可以告诉他，你有一些新的想法，想与他交换一下。"这句话的重点在于"交换"，而不是占用他的时间。交换意味着双方都能获得价值。

第四，找到圈子里的掮客。

掮客，也就是中介。每当我去一个陌生的地方，想打破人际关系的僵局时，都会先找到当地的掮客。在海外，这样的掮客往往是保险经纪人或房产经纪人，因为他们人脉广泛。

掮客有一些特点，比如经常在朋友圈晒与各种人的合影，或频繁参加各种饭局。如果你想迅速进入一个圈子，可以先找到圈子里的掮客，获得他们的认可，就能很快打开局面，认识更多人。

第五，介绍优秀的朋友给他认识。

如果你处于低谷，或暂时无法提供太多价值，但想认识牛人，一个简单的方法就是组局，把你优秀的朋友介绍给对方。在他们交谈的过程中，你自然也会有机会参与其中，进而结识更多人。

如果你现在还不够优秀，这种方法就是一种杠杆借力，是非常有效的方式。

这就是向上社交的五条秘诀。

贵人就是普通人的后路

我的读者中有很多年轻人，我经常告诉他们，**如果家境普通，最好的人生布局就是自己给自己留后路**。因为这个世界其实没有给你太多的试错成本，很多年轻人一旦选错人生就毁了，所以要给自己留后路。

在这一节中，我就与你探讨一下如何留后路与留后路的重要性。

2019年的时候，我写过一本书叫《你没有退路，才有出路》。这句话帮了很多人。原因很简单，那时整体氛围非常好，年轻人毕业后找到一份工作好好干，赚钱是非常容易的。哪怕不想一直上班，做做自媒体，运营自己的微信公众号，也能赚到钱。但现在不是这样了。年轻人必须做好找不到工作的准备。所以不留后路是不可能会有出路的。

最近看到一些新闻，让我想了很多。

现在，年轻人在选择职业道路时，如果一直盯着一个方向走，可能会错过很多机会。比如说，在某个领域投入了太多时间，却一直没有进展，不仅会浪费宝贵的青春，还会让自己与其他工作机会渐行渐远。

所以我觉得，在规划未来时，保持开放和灵活的心态特别重要，该转变的时候就要勇于调整。我之前一直鼓励年轻人大胆选择，直到有一天我的表弟对我说："龙哥，有时候像我们这样没背景的人，选错了就完了。"那是我第一次意识到，如果你没有机会又没有资源，是个普通人，一定要给自己留后路。

我再给你讲一个类似的故事，不过我把它写进了我的小说里。这部小说叫《重生》，建议大家找来看一看。这是一个真实的故事。

我在新东方的时候，有一个学生第一次见到我的时候告诉我，他已经考了8年北大。女朋友也和他分手了，父母也快与他断绝关系了。我教他时是他第9年备考，如果这次再考不上北大他就想轻生。当时我吓了一跳，我才二十几岁，完全不知道怎么会有如此执着的人。我一边给他上课，一边发现他对真题的掌握能力非常强。

他之所以对真题掌握得好，是因为这些题他已经做了8年，非常熟悉。但8年只专注于考一所学校，这已经进入了一种恶性循环。我非常确定他的能力没问题。只是想要考上研究生，除了分数够，还有很多不可控的因素。比如当年的报考人数，又如分数线的调整，再如面试时发挥得好坏。

在他进考场之前，我们一起吃了顿饭。我说："我们不要以师生的身份交谈，就当是好朋友。我纯粹从朋友的角度来跟你聊，如果这次还是落榜了怎么办？"他注视着我很久，沉默了很长时间，空气仿佛都凝固了，然后才说："你别说这种不吉利的话好吗？"我就告诉他："刚好有个岗位，是新东方教考研英语的，时薪200元。你对真题的理解这么深入，要不要考虑当个老师试试？"在他辗转反侧，几个夜晚难以入眠之后，他说："我可以尝试一下。"

后来，在参加考研前他第一次登上了讲台，讲得非常不错，因为对真题掌握得透彻，赚到了人生中第一笔课时费。他很感激我，但还是参加了考试，果然不出我所料，他还是落榜了。

但这次他没有走极端，而是选择在新东方担任考研英语老师。到现在他已经授课多年，最令人感动的是，5年后领导派他去北大做演讲。他进入北大的时候热泪盈眶，说："这所学校本来是我那8年的梦想，却渐渐变成了我的梦魇。没想到今天我能以这种方式与它重逢。"

他在去演讲前给我打了20分钟电话，说着说着就哭了。他说："幸好你给我留了后路。"我说："不是我给你留的后路，是你给自己留的后路。"我把这个故事改编成了一个短篇小说《重生》，收录在我的短篇小说集《硬汉的眼泪》里，后来还特地把这本书送给了他。

这种后路思维非常重要，其实就是兜底思维。你得知道你生活的底线是什么。

这就是为什么我经常对年轻人说，你可以炒股，可以投资，但必须预留足够的生活费。年轻时你可以尽情享受，打游戏、蹦迪、喝酒都行，但你要想清楚如果有一天父母不再支持你，你的生活底线会是什么，你要能预见后悔是什么感觉。这就是我常常强调要有底线思维的原因。

网上有很多段子，都在告诉年轻人不要留后路，认为只有不给自己留退路，人才能激发出惊人的潜能和创意。但我可以告诉你，所有劝你不留后路的人都在对你说违心话。那些鼓励你不留后路的人，自己往往都把退路安排得妥妥当当。如果你真的相信不留后路，可能你就真没后路了。

我每次跟别人讲这事，总有人反驳说："那项羽呢？项羽在巨鹿之战中破釜沉舟，不就是没给自己留退路吗？这种做法激励了士兵的斗志。他说'置之死地而后生'，命令全军打破釜甑，凿沉渡河的船只，只带三天的干粮。你看，楚军士气大振，最终大败秦军，取得了巨鹿之战的胜利。"

但如果审视项羽的一生，就会发现，这种破釜沉舟的思维最终导致了他的覆灭。正是在巨鹿之战中的成功，使得此后的战争中，项羽几乎都采取不留退路的策略，最终导致了乌江自刎的结局。而刘邦正是洞察到项羽从不给自己留后路，才能用计谋将项羽困在乌江，上演了霸王别姬的戏码。

我可以肯定地说，不留后路就是不可取。举个我自己的例子，这些年我能不停地跨界，在各个领域都有所成就，这里有一个我一直没有公开的秘密。既然承诺要在这本书里掏心窝子地分享，那我就把这个秘密分享出来。我这些年之所以敢这么折腾，是因为我一直有后路。我 24 岁写了第一本百万畅销书，接下来连续两本书卖得都非常好。这笔稿费我几乎没动过，一直存在账户中以备不时之需。一旦家里有一些急事，这笔钱可以直接拿出来使用。

正是因为有了这样的后路，我才能去做任何想做的事，开始盯紧目标，绝对不会盯着后路。因为只有我盯紧目标，不盯后路的时候，我才能在真正意义上爆发出那种网上所传言的"不给自己留后路"的感觉。我不给自己留后路，不代表我没有后路。恰恰相反，正是因为有后路，我才能不断地激励自己：就当自己没有后路吧。

这就是我一直倡导的思维模式——think for the best, prepare for the worst（抱最好的希望，做最坏的准备）。我做事绝对不会盯着后路，而会盯着目标。一旦决定就勇往直前，看似不考虑后路，实则已经做好了准备。因此，越是没有后路的人，越要注意积累这方面的资源。

我强烈建议你在布局后路时，去认真思考有没有以下四个方面的资源。

第一，你的贵人。简单来说，就是帮助你的人。

一定要跟贵人交朋友，哪怕是请吃饭、陪喝酒，都要接近那么一两个贵人。这些贵人不一定是非常成功的人，而是能够帮助你成长的人。他们甚至可能是你人生低谷时的朋友。当你的人生走到低谷时，他们能陪你说说话，聊聊天。

我就有几个这样的朋友。就算有一天我混得很差，至少能保证我不会饿死。他们会给我一口饭吃。我跟他们的关系一直很好，逢年过节都会打电话问候，回到北京也会去他们家坐坐，逗逗他们的孩子。这就是你的贵人，要懂得积累这样的资源。

第二，你的信息源。你要有不一样的信息源。

这些信息源可以是特定的网站、知识 App，或者像人脉枢纽一样广交朋友的人。记得父亲刚查出膀胱癌的时候，我完全没想到要在北京求医，既复杂又让人头痛。每次去医院看到人山人海，都不知所措。这时我想起身边有一两个明星朋友，于是联系他们，最后他们分别介绍了一位医生。如果没有这些信息资源作为底牌，那时候我真的会束手无策。

第三，你要有自己的存款。

我经常跟大家讲，尤其是年轻人，赚到第一笔钱别乱花。常在有时思无时，莫到无时想有时。更不要觉得自己的钱一辈子花不完。你一定要有自己的存款，这是应急之需。如果哪天你决定创业或改变人生方向，没有这笔钱作为后盾，做什么都会胆战心惊。

而且，不仅要有存款，还要有多元化的收入。我曾经跟别人聊这个话题。我们发现，一个人如果有三种收入来源，在当今时代就能过得相对稳定。为什么是三种？这是我们分析多个案例得出的结论。所以当你有了一份稳定工作，再加上一份兴趣爱好，以及一份副业，就可能有三种不同的收入来源。

最后，我也想跟你分享一些人。

我特别爱读史书，尤其是一些经典的好书，比如《三国演义》。在书中，我能明显看到了两个人物的区别。一个是关羽，另一个是吕布。吕布做事从不留后路。一旦做出决定，下手极为决绝，丁原、董卓都曾是他的义父，但他说杀就杀。因此吕布的结局也很明确。人们知道他是个不留后路的人，所以他最终也没有后路。吕布的下场，大家都很清楚。

但跟他不一样的是关羽，处处给自己留后路。就算是被曹操俘虏，他也跟曹操讲："我是有后路的，我要回去见刘备。"其实败走麦城也是一条后路，只是这后路没给自己留够。但相比吕布，关羽还算善终。如今人们祭拜的是关羽，而不是吕布。

此外，请你警惕那些不给你留后路的人。这种人可能在你找工作时，连兼职都不允许；你做事时，连业余时间都要管。这样的人不仅要警惕，更要远离。

下次遇到这样的人，请记住《水浒传》中的一个故事：林冲被逼上梁山时，就遇到了一个不给他留后路的人——王伦。王伦在林冲上山时，用近乎侮辱的方式拒绝他，想将他赶走。当周围的朱贵、杜迁、宋万都为林冲说话时，王伦提出让林冲交投名状，杀一个人，彻底断了他的后路。但林冲不一样，他始终要给自己留后路。

林冲最可贵的就是坚持自己的原则，连董超、薛霸都不愿杀害，更何况是与自己无冤无仇的普通人。林冲的故事一直延续到最后，而王伦却很快被杀。对于所有劝你不要留后路的人，你都要记住王伦的教训。

不过，留后路这件事，我一直把它限制在事业和人生选择中。感情则不同。当你爱上一个人时，应该全心全意地投入，不要给自己留后路。

就算你们最后没有走进婚姻的殿堂，没有答案和结果，也至少不会留下遗憾，不是吗？

为什么要放弃大多数无用社交

写这本书的时候,我其实做短视频很长时间了。但最早决定要做的时候,是需要心理建设的。因为作为一个作家,我更多的是靠文字为生。我需要写作,需要写很多,而且我的文字已经被证明是有影响力的,毕竟写过畅销书。

但有一个问题:一个人在过去的文字时代被证明是成功的,他来到新的视频时代,要是没火起来、没能成功,岂不是非常尴尬?所以我过去很长一段时间都在努力做短视频。说实话,一开始做的效果非常差。我在北京换了好几个团队,有做短视频编导的,有做剪辑的,有做内容扶持的。我换了几次团队,交了不少学费,花了好多钱。

你永远无法想象我在这件事上栽了多少跟头,但内容就是不上不下、不温不火,结果很差。

我在抖音做了很长时间,终于涨到了20万粉丝,却因为胡乱发一些东西，最后粉丝降到了 19 万。我很痛苦，商业化也很糟糕，很长一段时间里我甚至决定不再更新抖音和视频号。

但随着我来到加拿大，这一切发生了变化。我刚到加拿大时，仅仅花了两个月时间，抖音粉丝就增到 50 万。视频号从零起步，粉丝数量也做到了 50 万。然后我开始做矩阵、做直播，从矩阵里面剪切片，60 天时间我们做了将近 60 个账号，全网粉丝达到 2000 万。我的内容一下子就起来了。

如果你看过我的短视频，相信你也能看出来，我的短视频质量越来越高了。为什么？答案只有三个字：断社交。

是的，一旦你开始被越来越多人干扰，你就会被迫经历大量无效社交，最后导致你产出不了好的内容。**断社交非常有必要，因为只有断掉社交，你才能坚定自我内核，减少外界的影响。**

未来，在知识越来越不值钱的状态下，你要明白个人思考是越来越值钱的。就像我之前说的，MidJourney 能够一天产生 1 万张照片，所以分辨什么是好的照片才是重要的。ChatGPT 一天能写 1 亿个故事，所以什么样的好故事能跟自己结合才是最重要的。这就是断社交的重要性。

作为一个作家，我大多数时间是孤独的。有时候，我经常在海边边走边思考这篇文章该怎么写。我也经常会在夜深人静时想，还有什么方法可以把故事写得更好。

后来我慢慢明白，为什么大多数优秀的编剧和作家都会在夜晚写作？哪怕在白天写作，他们也会去深山老林里找一个没有任何人干扰的地方。很简单，在白天，总会有一些车来车往的声音、一些白噪声进入你的脑子里，干扰思考。这就是他们一定要断社交的原因。

我来到加拿大后，没有人知道我住哪儿，他们只知道我出国了，找我的人因此少了，而一旦找我的人少了，我的心就能静下来了。在温哥华这么长时间里，我特别幸福。每天早上起来，偶尔看看手机，处理一下别人发的信息，然后在国内的人都陷入沉睡和梦乡时，我可以一个人走到白石的海边，去想一想这样的文字能够通过什么样的形式被录到视频里。

如果你看过我的视频，就会知道我几乎没有华丽的打扮，也没有杂乱的修饰和剪辑，就是一个人坐在电脑旁边开始讲，直接录制，内容就这样越来越好了。

当你不优秀的时候，所有的社交都是浪费时间，不要浪费时间去混圈子，到头来你会被圈子混了。同理，当没什么人认识你，或者当你不得不经历一段低谷期的时候，厚积而薄发，平静地努力，让自己突然间有机会惊艳世人，这非常关键。

那篇文章写在 2016 年，那年我 20 多岁。今年我 34 岁了，我还在写作。如果问我是否还同意当年的看法，要放弃无用的社交吗？我想说，我不仅同意，还要把这句话改一改：**要放弃大多数的社交**。

请恕我直言，大部分的社交，甚至 80%、90% 的社交，都是没用的，这些社交只会给你增加麻烦，增加痛苦。

我的建议是，如果你不得不去处理同事关系，不得不去长时间见人，请一定要在每周、每月刻意留出一段日子，不要社交。你要去总结自己，写作、思考、冥想、锻炼，这是非常好的积累能量的方式。

我不知道你是不是跟我一样，在不停社交的情况下，当越来越多的人围在身边时，我并不会感觉到快乐，反而会感觉能量急剧下降，瞬间降到冰点。这个时候反而更需要找一个地方，才能再平和起来。

这就是为什么我每到创作期都会有好几个月不见人的原因。这几个月都是我积累能量的时候。门一关，世界就是自己的。我能感受到这世界所有的美好，甚至能感受到血液和能量在身体里流动。

我曾经跟身边的朋友说：你越穷，就越应该断社交。**不要去关心这世界上那些和你无关的事情，把注意力放在自己身上。**你关心世界上所有的事，关心明星八卦，关心国际新闻，关心别人的事情，唯独不关心自己。所以，越穷越应该思考一下，自己怎样才能从这种状态中走出去。不要跟谁聊天就大谈特谈国际大事，好像你能左右一样。

曾经有个段子说，只要有一个中年人跟你吃饭，谈到国际大事，这时候记住一句话：让他说，你一句话不搭，赶紧把桌上的菜全吃了。因为他一旦开始说，就会忘记吃饭。你有没有发现？他们从不思考这些事情和自己的关系，子弹没有打到自己头上，却天天想象自己要冲锋陷阵。这是一种什么样的心态？我也不知道。

当然，如果你有钱了，成功了，那更应该断社交。作为一个过来人，我告诉你，来找你的人大多数是想蹭你资源，让你请吃饭、喝酒的。这些人都是消耗你的人，哪怕他们不请你，你不请他们，时间久了，这些人也会在你身边蹭着你的运气，最终把你的运气分走。你的大运就这么十几年，人生能有几次大运？这些蹭你大运的人，天天在你旁边晃，干扰你，你的运气只会越来越差。所以，藏富非常重要。不要告诉别人你有钱，也不要说你很厉害，你就是个普通人。

尤其在这样一个社会里，不要展现自己比别人过得好，默默地让自己有点钱，有点能量，厚积薄发，多好。你会发现，一个人的能量真的是通过修炼、通过断社交来积累到某一个峰值，等你释放的时候，状态会更好。如果你有一段时间不出来，有一段时间不去见人，这段时间千万不要浪费，**平静且坚定地努力，最后你可以惊艳到很多人。**

当然，我今天要说的不只是让你断社交。很多人把断社交理解成不社交、理解成不要再见任何人，这样是不对的。

我曾经说，如果你迷茫了就走出去，多去见一些弱关系的人，他们能够治愈你的迷茫。有个方法非常关键，叫"半小时原则"。每次见陌生人，只给半个小时，不要胡聊乱侃。很多人约见喝茶，喝了一顿又一顿，啥也没谈成，这种无效的下午茶是浪费时间。我见到任何一个陌生人，都会先给他 5～10 分钟，这 5～10 分钟如果能抓住我的注意力，再继续聊半小时。

最后给大家一个建议：多打电话。手机是现代社会最伟大的发明之一，你不用非得每次面对面聊事。我最喜欢一边走路一边打电话，开会也好，处理事情也好，这样既锻炼身体，又不会浪费时间，还能保持高效。

酒桌上不一定要喝酒

我鼓足了勇气才敢讲这个话题。

坦白讲,我非常反对年轻人继承某些糟粕,而酒桌文化正是其中之一。请允许我先把这个观点摆出来。之所以必须讲这个话题,是因为很多时候都避不开。避不开的原因在于,确实很多老一辈人习惯在酒桌上谈生意、聊细节、谈机会。这些内容在公开场合可能都不会被提及。

有人说"酒后吐真言",但我认为酒后吐露更多的是情绪。比如,一个男人醉酒后说"我爱你",他可能并不是真的表达爱意,只是酒精把情绪推到了那个点。同样,很多所谓的"酒后真言"也并非真话,他们只是借着酒劲说出了情绪化的话。

所以我有一个原则:在酒桌上不谈事,就算谈了事,也是不一定的事。

我们首先要承认,如果领导或重要人物邀你喝酒,他确实想在酒桌上向你透露一些事情，这些往往与资源和机会有关。所以，如果你决定不再参加任何酒局，就要做好你与这些资源可能无缘的准备。

演艺圈里有个不成文的规矩，很多机会都不是在正式场合分配的。一些资源掌控者习惯在私人场合，比如饭局上看人选角。这种情况在圈内太常见了，很多新人为了获得机会，不得不参与这样的场合。

有时候，一个简单的饭局就能决定一个演员能不能得到重要角色，能不能有机会和一线演员搭戏。表面上看演员选角是靠实力说话，但实际上往往跟这些非正式场合有关。这种现象不仅影响了行业的公平性，而且让很多真正有实力的演员失去了机会。说到底，这样的潜规则对整个行业的发展都不是好事，但由于利益关系，这种现象一直都在持续。

在文化圈待了很长时间后，我慢慢发现这里有个有趣的现象：表面上大家是在搞文化创作，实际上很多时间都花在了饭局上。更让人意外的是，很多重要的选题和项目，竟然就是在这种场合随随便便定下来的。这种情况已经成了圈内不成文的规矩，让人不得不感慨所谓的"文化圈"究竟是在做什么。

听圈内的朋友说，现在网络剧和网络电影的主要角色，很多都是在饭局上确定的。这就意味着，演员要想得到好的发展机会，光有演技还不够，还得会处理这些场合。结果就造成了一个怪现象：真正有实力的演员可能因为不擅长应酬而被埋没，反而是那些深谙此道的人容易得到机会。这也难怪现在很多观众都在说演员质量直线下降，说到底，这种不正常的选拔方式影响了整个行业的发展水平。

不过，我并不想鼓励大家上酒桌。我要表达的是：**人生是一个过程，可能一开始你不得不上酒桌，但随着时间推移、经验积累，你需要树立自己的价值观和规则**。否则，你就会永远活在他人的体系里，听命于人，成为一个木偶，失去很多可能性。

记得有次和曹云金喝酒，我们都感叹，曾经我们是屁股对着门的无名小卒，必须敬每个人酒。而现在，我们可以选择不喝，甚至在酒桌上不喝酒也能把事情说清楚。曾经没人听我们说话，现在有人愿意花钱来听我们说话。

我对酒桌文化的理解是，它本质上是一种碾压文化，是身份高的人对身份低的人进行的精神压制。如果你抓住这一点，就会明白，酒桌上那些教你如何敬酒、怎么遵循规则的人，本质上是权力的掌控者。我非常不喜欢酒桌文化，谁坐在哪个位置、敬酒时酒杯要低多少，都是权力象征。在饭桌上，有权力的人说什么都是对的；而没权力的人，无论怎么表现，都是有问题的。

接下来，我想讲两个酒桌上的故事。

第一个故事是，有一天我吃了头孢，不能喝酒。我心想，这次酒局可能会很难熬。大家喝到一定程度时，都会有些醉意，开始胡言乱语、胡乱敬酒，而我不能喝，就很容易被忽略。但那次饭局，我意外地成了大家关注的焦点，而且大家都很尊重我。原因很简单：我为他人提供了价值。首先，我给大家倒酒、夹菜；其次，我活跃气氛，给大家讲段子；每当有新来的人，我都会介绍给大家认识。

虽然那天我没喝酒,但我像是饭局的主持者。最后,我主动买单,虽然我喝的是水,但我还是说"下次一定还你们这杯酒"。我还帮喝醉的人叫了车,安排大家安全回家。这让我意识到,在酒局中,不喝酒也可以赢得尊重,前提是你提供了价值。

我也遇到过一个小伙子,他不能喝酒,但在饭桌上把每个人都照顾得很周到,提供了很多价值。最后他主动开车送老板回家,把老板安全送到家门口。老板的妻子开门看到小伙子,说:"小张真不错!"这一下子,小张就成了自己人。老板的妻子经常问他:"老板今天没喝多吧?"结果,小张第二年就升职加薪了。原因很简单,他是老板的"自己人"。

在酒桌上,不一定要喝酒,但你要懂得提供自己的价值。这是我分享的第一个故事。

第二个故事是关于一个山西大哥,他一晚上都不喝酒。大家一开始数落他,甚至故意刺激他:"山西人哪有不喝酒的道理?"结果大哥机智地回应:"兄弟,喝酒有害健康,咱们不如喝醋吧。"然后他端起一碗醋,豪爽地一口喝完,所有人都看傻了。

他说:"我们山西人爱喝醋。"很快,饭桌上一半人都跟着他喝醋。他不仅巧妙避开了酒,还顺势推销了自己公司的醋品牌。饭局结束时,大家每人都带了两瓶醋回家。

这个故事告诉我们,酒局上不一定要喝酒,但你得有办法提供自己的价值。

德鲁克说过:"在动荡的时代,最可怕的不是你做错了什么，而是你依然用过去的方式应对新时代。"现在的酒桌文化里有太多糟粕。我看到抖音上有一群中老年人天天教年轻人怎么敬酒，我觉得非常不适。更让我难过的是，很多年轻人也学得油腻至极。

比如，我遇到过一个1999年出生的男孩，表现得特别油腻；还有一个1999年出生的女生，敬酒的手法和话术简直就是从同一堂课学来的。他们学这些所谓的"敬酒礼仪"，本质上就是让自己牢牢处在权力体系的下端，服务和讨好他人。

我录过一个视频，说年轻人不需要老年人教我们怎么敬酒。我们应该有自己的喝酒方式。就像我们知道茅台很贵，但我们可以通过实际消费，改变茅台的规则。我们不必在饭桌上遵循老一辈只喝茅台的规矩，可以打破这个规则，建立自己的规则。

最后，我想说：酒桌上有很多糟粕。在现阶段，你可能无法完全避免，但你要学会自保。**随着我们这一代人的成长，你必须努力成为不依赖酒桌规则的人。成为制定规则的人，而不是受规则束缚的人。**

我现在依然会参加一些酒局，但我可以不喝酒，甚至可以要求不强迫他人喝酒。我可以制定自己的规则，让自己在饭局中感到舒适。

总之，人生的成长轨迹，就是打破旧规则、建立新规则的过程，不断进化。当你能建立起属于自己的规则时，你就会获得更多自由。

游刃有余的前提是学会"脱敏"

这章我们说的是人脉,也就是各种各样的关系。人世间有很多痛苦,其中最痛苦的莫过于关系的拧巴。解决关系上的痛苦,有两句特别有效的话,第一句是"关你啥事",第二句是"关我啥事"。

我曾经很长一段时间在关系中都找不到自己,直到读到哲学家萨特的那句话:"他人即地狱。"只要和他人在一起,就会感受到地狱般的折磨。

所以,这里我想和大家聊聊,在这些关系中,我们应该如何做到自洽。请不要小看自洽这件事。

自洽可以分为两个部分:第一,不得罪别人,让别人舒服;第二,不得罪自己,让自己不难受。比如在职场,如果不幸从事了一份自己不喜欢的工作,已经很难受了,要是领导和同事还跟你不对付,那就更难受了。生命中最好的时光,每天至少8

个小时都是在工作中度过的。如果处理不好关系，这会是多么让人痛苦的事。

作为一个在职场摸爬滚打多年的"老人"，我有一些建议。这一节中，我想先和你分享如何在职场中与讨厌的领导相处。这也是大家问得最多的问题之一：直属上司不喜欢我，我也不喜欢他，怎么办？

首先，当提到"领导"这个词时，就不得不进入我非常讨厌但无法回避的"政治学"领域。所谓政治，就是人和人之间的关系。在职场上，人与人的关系看似不重要，但一旦公司规模大了，"政治"就随之而来，各种复杂的问题也会接踵而至。关于职场，请注意以下几点：

第一，在职场的人际关系中，你一定要学会"脱敏"。

什么是"脱敏"？我曾经做过电话销售实习。作为一个腼腆的人，我特别不擅长卖东西。但有趣的是，当打完10个电话，其中8个被拒绝后，我惊讶地发现自己不再紧张了，甚至感觉打电话的那个人不是自己，而是另一个人。这就是"脱敏"，不再在意、不再害怕。

在生活中，你一定要学会脱敏。尤其在工作中，更要具备钝感力。渡边淳一的《钝感力》在中国的火爆程度可能超出了作者的预期。所谓钝感力，就是不要太在乎别人怎么说。很多人内心敏感，领导说一句话，或者同事随口一句话，都要琢磨半天，觉得全世界都在针对自己，其实大可不必。钝感力就是"今朝有酒今朝醉"，我管这叫"不置气"。面对合不来的领导时,"脱敏"尤为重要。

第二,要学会杠回去,不能让自己成为软柿子。

千万不要小看这一点,职场本身就是一个小社会。我在职场多年的最大感悟就是:人善被人欺。如果你是个特别好说话的老好人,每个人都会觉得能踩你一脚。心理学上有个著名的"破车效应",说的是一旦有人看到你车上有一块破损的玻璃,接下来整辆车都可能遭到破坏。但是,如果你能在被攻击时适时回击,哪怕就一次,其他人发现你不好欺负后,下次就会三思而行。

我在写小说《刺》时,研究过校园霸凌,发现一个人一旦失去社会支持,没有社会关系,就很容易遭受霸凌。而且每个人都可能参与霸凌,因为没有社会成本和后果。这也是留守儿童容易受到暴力欺凌的原因。

职场也是同样的道理。如果你想警示领导,最好的方式是让他知道你不好惹。否则,他会持续把你当软柿子捏。我之前和一个00后聊天时,他说领导不敢轻易招惹00后,是因为网上有太多00后"整顿职场"的视频。其实,很多00后并不会真的整顿职场,但领导看了这些视频后,生怕自己也像视频里的人一样下不来台,故而会特别谨慎。

第三,工作留痕。

如果你和领导已经有了矛盾,他开始事事针对你,请记住这四个字:"工作留痕"。避免发语音,减少见面聊天,多用邮件或微信沟通,确保你做的所有事情都是按照他的思路进行的。

因为一旦事情出问题，领导很容易甩锅。实习生、普通员工之所以总是倒霉，就是因为工作没有留痕。

要记住，职场中越是底层的人，越容易背锅，因为领导认为他们的工作没有太大成本，更换他们也没有多大代价。聪明的人会学会留下痕迹，尤其是领导交代的事情，要明确记录这不是你的主动决定，而是领导的指示。

第四，积极主动地汇报。

当领导和你不合时，可能会在工作上刁难你，你可以通过主动汇报化解难题。比如说："领导，您交代的任务我已经完成了，您看是否符合您的要求？"通过这种积极主动的方式，让领导无话可说。

当领导问你怎么想时，请记住：职场上的你没什么想法，你就是个"工具人"，你要问领导："您是怎么想的？我按照您的意思来。"谁让他是领导呢！不要过分强调自己的想法，领导的想法才是最重要的。

第五，面对PUA别走心。

有些领导喜欢打压下属，说下属笨、能力差，却不提供解决方案。给你一个建议：装傻。如果领导说你笨，你可以反问："领导，我哪里做得不好？"让他把问题具体指出来，把对人的攻击转化为对事的讨论。

要做到不卑不亢。再次强调第一条：学会"脱敏"。领导说你笨，不代表你真的笨。他可能只是在发泄情绪，你没必要较真或生气，那样反而会让自己不舒服。

很多年轻人刚入职场，被领导说一句"笨"，可能会记很久，甚至去做各种测试，怀疑自己是否真的笨。其实，完全没必要！记住，你只是来打工的，领导说你笨，你可以把问题抛回给他："我哪里没做好？"这不是甩锅，而是自我保护。

第六，请你一定记住：骑驴找马。这在任何行业中都是极其重要的。

一旦你和领导产生矛盾，甚至他开始频繁表示对你的不满时，被调岗或离职只是时间问题。他之所以暂时没动你，可能是因为时机不成熟，或者你与公司其他业务或人员有联系，他暂时不方便动手。时机一旦成熟，他就会采取行动。

所以，你不如抓紧时间骑驴找马，同时也在提醒领导：失去你，他的业务可能也会受影响。没有你这样的人才，他很难找到相当称职的替代者。这样他可能会对你态度好一些。

把这六条总结成一句话：在职场中，一定要学会博弈，学会制衡。这是保护自己的方式。

在这一节结尾，请允许我说一句话：**祝你这一生永远没有领导，祝你永远是自己的领导。**

不要跟同事成为朋友

我写过很多关于如何与同事相处的文章，如果你对此特别发愁，可以去看我写过的一本书，叫作《1小时就懂的沟通课》。我在里面讲了很多关于同事关系的内容。但这章既然讲到关系，自然也避不开同事这个话题。

我今年34岁，身边已经没有太多传统意义上的同事了。我的同事更多是"数字同事"，因为我现在人在温哥华，而同事们散布在全国各地，不用见面也能一起工作。这是一种全新的交流方式，人与人之间以完成任务为目标，把事情做好，顺便互相认识，不需要刻意经营关系。在漫长的时间长河里，我们有过彼此相识的证据———一件事情的结束与结局，这样就很好。

但在过去很长一段时间里，我都要长时间地和各种人相处。仔细回想后，我总结出一句核心思想：**和同事之间要有"一杯酒的交情"**。这句话含义深刻，因为"一杯酒的交情"意味着不要喝多。喝多了，什么都容易说出口，喝多了就变成朋友了。

不要跟同事成为朋友，因为一旦成为朋友，什么都说，最后就什么都被人知道了。同样，也不要一杯酒都不喝，因为如果一杯酒都不喝，那你们的关系就会变成赤裸裸的同事关系。

所以，我建议你在职场里要学会"喝一杯酒"，哪怕酒量很差，喝一杯无酒精的也行。因为职场多少还是得带点感情的。没有感情的职场，既显得冷漠，效率也会低下。

现在，00后逐渐进入职场，他们追求的不是80后想要的结果，或90后想要的认可，他们更看重的是：在与人合作的过程中，自己能否开心。而我说的"喝酒"并不一定是字面上的喝酒，也可以是工作之外的任何互动，比如一起做些有趣的事。

接下来我列出几条与同事相处的建议，希望对你有所帮助。

第一，不要在背后议论别人，也不要和那些喜欢背后议论别人的人走太近。

虽然说别人坏话能够迅速拉近你和他人的距离，就像我们常说"朋友就是有共同敌人的人"，但不建议你在背后说人坏话，为什么呢？

因为你对任何人说的话，最终都会传到别人耳朵里，特别是当你还加上一句"千万别跟别人说"。《麦田里的守望者》里有句话，大意是：如果你说了别人坏话，请加一句不要让别人知道，但是，一旦你说出口，全世界都会知道。那些在你面前说别人坏话的人，也会在别人面前说你的坏话，因为这就是他们的生存方式，改不了的。远离这种是非之人，保持距离，交浅言深，要慎重。

我第一次参加工作时，遇到一个只有一面之交的人，他却恨不得把他祖孙三代的细节都告诉我。遇到这样的人一定要小心，因为他完全不了解你，却什么都愿意告诉你，这样的人要么在撒谎，要么隐藏着更大的秘密。没有人会这么轻易地敞开心扉的。

第二，不要掏心掏肺，凡事藏着点。

这不仅是职场和同事的沟通之道，也是与世界上任何人沟通的基本原则。少讲知心话，把事藏在肚子里，不要把话说满。

不管面对谁，你以为把所有的痛苦、难过、弱点都告诉别人就会赢得尊重吗？不会的。恰恰相反，你就像一张透明的白纸，别人只会觉得你好欺负。我现在已经学会了，哪怕面对最亲近的人，也会保留 10%～20% 的话不说出口。即使面对父母和家人，我也会选择把很多话留在心里。

成长的过程就是逐渐明白，有些话只能对自己说。更何况，如果你什么都说，反而会给人以轻浮的感觉。谨言慎行，才能赢得别人的尊重。

第三，利益至上。

请把这四个字记在心上。在职场中，当一件事损人不利己，或者不符合自己的利益时，不管你和对方关系有多好，都要坚决抵制，维护自己的利益。平时怎么相处都行，团建时可以笑嘻嘻的，但一旦涉及自身利益，千万不能退让。你来职场是为了赚钱的，连本都赔掉了，还谈什么呢？

职场中，很多人工作久了就忘记了利益至上的核心原则，被各种琐事分散了精力。所以，保持界限感非常重要。一旦涉及利益，别人总是会找那些好说话的软柿子捏。比如，有人让你加班帮忙，影响了你个人的计划，但你心软答应了，结果自己的利益就被损害了。记住，你首先要守护的是职场中的利益。

第四，"脱敏"。

千万不要因为同事的一句话而彻夜难眠，反复琢磨。我在上一篇中也提到过，面对领导要"脱敏"，面对同事更要如此，尤其是那些挑剔、找碴儿的同事。记住，他们并非针对你，只是人品差而已。**在职场中，你要有锋芒，否则你的善良一文不值。**

我还记得发生在小时候的一件事。那时我拿着两块五毛钱走在街上，看到一位可怜的妈妈带着孩子在路边乞讨。那个年代还没有扫码支付，大家都用现金。我看了他们很久，那年我大概才六岁，我拿出五毛钱放进了她的碗里，结果那位乞讨者却说："你为什么不把两块钱也给我？"这件事对我影响很大，我愤怒地将两块钱装回口袋，并把那五毛钱也拿了回来。

这之后我意识到，善良必须有底线，否则毫无价值。尤其在职场中，一定要有底线，要记住利益至上，别怕得罪人。

第五，不要讨好别人。

你可以具备高情商，但无须讨好他人。这个世界不会因为你的讨好而对你更好。人们尊重你，不是因为你是个讨好型人格，而是因为你足够强大，值得被尊重。

第六，同事是最熟悉的陌生人。

你们可以聊一些新闻、八卦，但不要过多谈论自己的事情。别把话题谈得太深入，否则到头来，你可能会成为全公司议论的焦点。

最后，我想总结一下。如果你现在仍在打工阶段，不得不面对同事之间的纷扰并感到困扰，那我送你一句话：这只是一份工作而已。如果你必须为了谋生继续做这份工作，那就尽量在保住自己利益的前提下，多学习知识，多结识朋友，提升自己。

工作之外，你这一生还有很多可能性。你一定要做一件属于自己的事情，用心去做，为自己的目标而奋斗，才能赢得财富。因为财富只会留给那些有强烈个人意志的人，它是对努力实现理想、努力改变世界的人的嘉奖和鼓励。

做好自己才能弯道超车

在前面的章节里,我就谈过身份和地位,这一节我想和你更进一步地聊聊"身份认同"这个词。

所谓身份认同,更多时候是指认同内心深处的自己。 你要如何认同真正的自己?如何接纳自己的缺点、负面情绪和不足?

我从一个故事开始讲起。我曾经有个女朋友,她非常讨厌我爱喝酒这个习惯。我不知道为什么,总觉得酒是我无法抵抗的灵感来源(非常不推荐年轻人学我)。虽然我知道喝酒不好,但有时候为了多喝点酒,我甚至第二天会跑个10公里散散酒气。并不是为了健身,而是为了晚上可以再喝一点。

因为我的这个习惯,我们吵了很多次。有段时间,她甚至说:"我真的不想以后和一个酒鬼在一起。"

我回答她:"我这人没什么缺点,不爱打游戏、不抽烟、没有不良嗜好，就爱喝点酒。喝完我也不闹事，为什么就不能原谅我呢？你很少见到一个喝完酒就睡觉的人。而且我说那些浪漫的话，不都是喝完酒之后才有的吗？"

她却说："但我就是不喜欢你喝酒。"

我们因此吵了很久。虽然我知道她想要一个十全十美的男人，但我确实做不到。我也曾尝试为她戒酒，但在戒酒的日子里，自己都很讨厌自己。我再也说不出感动她的话，也写不出有情绪的好文章。

后来我们还是分手了。她对我说："你戒不掉酒，那我们就分手吧。"我不知道她是认真的，还是只是在气头上。但那天晚上我想明白了一件事。我写了一封很长的信，具体内容我已经记不清了，主要是对这个时代的控诉。

我在信中说："你们有没有考虑过我是怎么走到今天的？从体制内的佼佼者，到商业圈的新人，再到如今事业小有成就，没有人带我，我是靠着喝酒才走过来的。我没有什么爱好，可能唯一的爱好就是喝酒。但这个喝酒的习惯让我很痛苦，因为它本身并不是一个好习惯，而是我一步步攀爬时刻在我身上的烙印。我不得不喝酒。如今我终于不再需要应酬喝酒了，但它已经成了我生命的一部分。即使到今天，我也不会劝别人喝酒，我只是默默地自己喝。喝多了我就睡觉，我有伤害过谁吗？可当我需要救赎的时候，你又在哪里呢？"

这封信本来想作为分手礼物给她，但最后还是作罢。我决定把这封信放在这本书里，估计我再也不会见到她了。

分手之后，我和父母住了一段时间，那时我觉得自己完了，觉得这辈子戒不了酒了。我嗜酒如命，该怎么办？

分手后，我也尝试戒酒。

最初，我强迫自己装作没看到酒，谁叫我出去喝酒我都拒绝。我以为时间过了很久，但实际上才过了三天，我就忍不住又开始喝酒了。就像我现在，也是喝了点酒才写下这些文字的。

慢慢地，我明白了，我知道我是谁，我接受了自己所有的优点和缺点。我必须接纳自己的缺点，才能真正认同自己。因为每个人都会接受我的优点，但那些因为缺点而不认可我的人，自然也不会享受到我更深层次的优点。

后来，我又谈了一个女朋友，她特别喜欢我喝酒后给她写的情诗。我写了好多，之后我还因为自己的诗写得好，拿到了中国诗歌协会的会员资格。这些情诗我不会发表，因为它们是专属她一个人的。

我走了很长的路，才建立起了自我认同感，这一路并不容易。我想告诉大家，**你的缺点也是你的一部分，即使别人不认可，甚至是你最亲的人不认可，你也要学会接受**。一个完整的自己，就是有光明也有阴暗。有了正面，才有反面。如果你要认同自己，就必须接受自己有缺点。别人怎么看，那是别人的事。

在我30岁之前，我有许多欲望、缺点、麻烦和恐惧，我都不敢承认。之所以不敢认同，是因为从小到大，我的这些缺点从未被父母认同过。人要相信自己的价值，相信自己的内心，这一点很难。因为人是社会性动物，很容易被别人的评价左右。

我很庆幸自己在 22 岁时写了第一本书，24 岁时卖了 300 万册。成名给我带来一个特别大的好处，就是我经常在网上看到有人骂我。起初我会觉得很难过，觉得他们骂得不对。后来，我也不再难过了。我看到那些夸我的人，他们夸得也不对。那些夸赞和批评，都是他们想象中的我。

我慢慢理解到，创作者和表达者必须接受被误解的结果。渐渐地，我明白了一个过程：**从他人认可我，到我认可自己，再到我认同自己就行了**。这样，人就开始获得自我意识了。

我见过很多家长控制、打压孩子，让他们逐渐失去成为独立个体的可能。我小时候也经历过这样的日子，尤其是在军校就读时，那里要求你不能有自我，减少一切欲望，任何为自己考虑的行为都会受到谴责。

但后来我发现，如果一个人不为自己活着，还能算是真正的人吗？人可以相对自私一点，因为只有这样，你才能逐渐发现自己的缺点，了解自己的欲望，认识自己的不足，进而接纳自己的需求。

人生这么短，你有没有花几天时间，不受他人评价的影响，去想清楚自己到底想要什么？我们大多数人都在自我压抑，这种压抑很多源自童年，更多来自成年后的自己。就像在职场中，你从来没有提出过自己的诉求，连工资都是别人定的，那你又如何成为一个独立的个体呢？你从来没有认真思考过自己要什么，或者根本不敢去想。

当你看到这里时,我请你合上书思考一下,你到底想要什么?接着再思考,你要如何获得它?这并不容易。也许你想要的东西一直被人鄙视,甚至被最亲近的人鄙视,但这就是真实的你,对吗?

直到今天,我身边还有一些特别爱喝酒的朋友,我总是开玩笑地说:"那些不喝酒的人,日子真的好难熬。他们哪知道我们能看到、听到和想到多少超出常规、打破规则的东西。"

直到今天,我已经不太在乎网上那些批评我"李尚龙每次写作都是喝了酒才有状态"的声音了。这就是我生活的一部分。我的生活中还有其他缺点,渐渐地,我也接纳了它们。这种接纳就是身份认同的一部分。

如果一个人喜欢什么,从来不说,想要什么从来不表达,讨厌什么也不表达,那么他的身份认同就近乎为零。"他是谁"会变得越来越模糊,与外界碰撞不出任何火花。外界如何塑造他,他就会变成什么样。你不敢接受自己的喜好,不敢反对自己讨厌的事物,最终只会让自己变得无比痛苦。

一个没有自我作为土壤的人,怎么可能在这片土壤上长出自己喜欢的花或期待的树呢?

之后我请教过很多心理学家,这样的自我认同越早建立越好。因为一旦建立,它将会伴随终身。如果你有孩子,要让他们及早地明白自己是谁;如果你没有孩子,你依然是个孩子,今天就是你最年轻的一天。你要开始建立自己的壁垒。你喜欢什么样的生活,就坚定地去追求,不要犹豫。你讨厌什么样的东西，就尽量避免让它出现在你身边。

有人问我："什么时候该把孩子送出国？"我的答案始终如一："当孩子知道自己是谁，当他们清楚自己是中国人的时候，就可以送出国了。"这在国外被称为"身份认同"。马斯克 17 岁时离开南非去了加拿大，在那段时间里，他对科技的兴趣开始萌芽。李飞飞，AI 界的翘楚，16 岁从成都去了美国，经过一段打工生活后，逐渐找到了自我。黄仁勋 9 岁就完成了身份认同。你要知道自己是谁，只有知道自己是谁，才能逐渐接纳自己，成为真正的自己。

还有一个人我特别想提一下，叫欧阳万成。他的脱口秀非常厉害。他在中国香港生活到 10 多岁后移民美国。他的母亲告诉他不要和华裔交朋友，否则还不如回香港。刚入学时，他努力模仿黑人说话，试图融入白人群体。直到成名后重返香港，他才意识到那里才是他真正的根。在自传中，他写到自己再也不用装成某个族裔的人。他就是一个中国人，未来是一个世界公民。虽然拿了美国国籍，但他的根始终在亚洲。他不再回避自己的亚洲人身份，也不再刻意迎合他人的期望。他就是他自己。在那一刻，他想起了曾经确立的身份认同。

很多人认为人生目标就是赚很多钱，但随着年龄增长，你会发现赚钱只是过程，是实现自我、获得幸福、达到成功的必经之路。如果你只把赚钱作为目标，可能永远不会建立真正的自我认同。那些来路不正或为钱付出巨大代价的人，往往缺乏自我认同。他们的灵魂被金钱侵蚀，失去了最宝贵的东西。这样的例子比比皆是。

所以，回到本节核心的主题：你要如何认识自己？这可能是你终其一生都需要追问的问题。

也许今天你还没有答案，但要继续追问，持续探索。不要害怕让他人知道真实的你，勇敢说出自己的想法。久而久之，你就不再害怕告诉别人你是谁了。

要告诉他人你的喜好，比如我，就是不吃辣，喜欢喝酒，不愿被人称作老师，希望每个人都能真诚相待。不在乎别人有多少钱，更看重他们是否愿意真心跟我交朋友。

你看，我也写着写着就把心里话说了出来。我不怕你不喜欢我，但首先我要喜欢自己，这就是身份认同。

在这个世界上，会有无数的人喜欢或讨厌你。请永远记住这句话：你要先完成自我的身份认同，先学会喜欢自己。只有你喜欢自己，这个世界才会多一个爱你的人，那个人就是你，而你就是全世界。勇敢一些，世界会给你更勇敢的回应。

这一生，你不是为他人而活，要为自己而活，哪怕只有一天。在 AI 时代，这样的坚定与勇气反而会让你活得更特别，人生也更有意义。

精简社交才不会有社交疼痛感

这些年，很多人都问过我关于生活、社交该做加法还是减法的问题。一开始我不知道怎么回答。直到有一天，我静下来思考，回想起24岁那年一个夏天的深夜。当时我抬头看着满天的繁星，望着葱绿的树叶和懒散的白云，突然想起之前看到的一个视频，一位老师说："30岁之前，要拼命给自己做加法；30岁之后，要为生命做减法。"

2024年，我34岁了。在30岁那年，我写了一本书叫《三十岁，一切刚刚开始》。书名的含义是，即使你在30岁之前没有做完加法，30岁之后依然可以继续做加法。视频里老师的理论和逻辑是对的，但年龄的界限并不准确——**30岁只是一个数字，你可以在任何时候做加法，也可以在任何时候做减法。**

原则很简单：先加后减。只有先做完加法，才能够做减法。因此，网上那些鼓励你做减法、断舍离的人忽略了一个重要前提：你必须先有的减。如果你没的减，那你减什么呢？

我在 30 岁之前刻意做过很多加法，甚至到了 30 岁之后，还在刻意增加生命的多样性。比如，我曾经一个晚上参加三个饭局，每个都不耽误，连轴跑，一晚上加了十几个人的微信。但这种生活让我极其痛苦，因为在某个深夜，望着星星思绪万千时，我突然明白了一个道理：**顶级的活法就是少即是多。**

我不太愿意用"断舍离"这个词，因为它已经被用烂了，连山下英子都说，她想表达的断舍离不只是丢东西。我很欣赏刘震云老师对断舍离的理解。他说："断舍离"不是简单地扔东西，而是断掉自己的烦恼，舍弃不必要的物品，离开那些不是真正朋友的人。这才是真正的断舍离。

此刻，我想和正在看这本书的你分享一下我对断舍离的看法。

第一，东西该扔，但要分情况。

人不能一直扔东西，那真的是一种浪费。那么，什么东西该扔呢？我有以下几个见解：

· **一年都没用过的东西可以扔掉**。这里的"一年"不是指具体的时间，而是指长期不用的东西。比如，我买过一个特别喜欢的游戏机，以为自己会一直玩，但因为创业和工作，我一年都没碰它。于是，我果断在闲鱼上卖掉了它。后来，我不再创业，闲暇时间多了，我后悔卖掉游戏机了吗？不后悔，因为它出了新版，我可以买新版。

· **不需要的东西就不要留着**。这里的"不需要"指的是当下不需要。很多人担心未来会不会再用到它。比如有个妈妈，把儿子的所有衣服都存着，想着万一有二胎可以用上。结果三年后，她生了个女儿，最后还是把这些衣服清理掉了。当下不需要的，未来大概率也不会需要。

·**让自己不舒服的东西，要坚决扔掉**。任何让你感觉不舒服的东西，都不要留。

·**不心动、不感动的东西要舍弃**。我曾特别喜欢一盘磁带，它伴随了我的青春期。我为了这盘磁带，在不需要收音机的年代，又买了一个新的收音机。但随着年岁增长，这个歌手的音乐不再让我感动，甚至他后来爆出了丑闻。我知道这盘磁带不再给我情感支持，于是果断丢掉。当然，如果我再想听歌，打开网易云、QQ音乐都可以，没必要囤着自己不再感动的东西。

·**不适合的东西要放手**。当一个东西不再适合你，它就不再属于你了，要勇敢说再见。

第二，所有的关系也是如此，该扔，但要分情况。

关系和物品一样——如果一年没联系，当下不需要，让你不舒服、不心动，觉得不适合，那就应该勇敢告别。你不勇敢告别，它就会变成你的负担。

第三，一切都是如此，人要越活越"淡"。

"淡"这个字由三点水加两个火构成，水火相融，才是淡。如果只有水或只有火，生活大概率会陷入水深火热之中。但如果水火相容，生活反而会更加平衡适度。

什么叫淡？

· **说话要淡一点**。不该说的话少说，病从口入，祸从口出。不要把同事、老板的话太当真，父母说的话左耳进右耳出，别内耗自己。遇事不慌，慢慢来，三思而后行。

· **饮食要淡**。吃得少一点，每天七分饱。适当轻断食，不让油腻的食物成为生活的负担。

· **穿着要淡**。简单大方，不必穿金戴银。你看那些科技大佬，谁不都是一件衣服穿好多年？其实，他们不是没钱买新衣服，而是不愿意把精力浪费在不重要的事情上。

· **社交要淡**。放弃无用的社交，追求高质量的交往。社交少而精，生活才不会被琐事压垮。

第四，整理自己的东西。

我的建议是，每周至少留一两天时间抽空整理物品。如果可能的话，每天花30分钟整理自己的东西。通过整理物品，你可以反思自己当年为什么买它，通过丢东西去告别过去那些没有意义的事。

不要小看这个动作，它能够帮助你与过去和解。每周我都有1到2天时间丢东西，通过这个过程，我能清楚地回忆起物品背后的故事。很多人钦佩我的写作能力，实际上，这并非天分，而是我通过讲故事与过去告别，让自我更加通透。

很多伟大的作家，尤其是写得好的作家，往往活得很通透。因为讲故事的过程，实际上就是和过去告别、做减法的过程，这让人变得更加清晰和自由。

高配得感换来高配人生

这一节我想和大家聊一个词，叫"配得上"。这个词是我在很长一段时间内对自己的思考和总结。

我先从一个故事说起。

我是个非常节俭的人，节俭到什么程度呢？只要我确定某样东西是最好的，尤其是从内心深处觉得它是最好的，我都会回避它。宁愿选择第二好的，也不会选那个最好的。这个想法让我感触很深。

刚到北美时，我想买一款耳机，这款耳机的价格是 300 多美元，我非常喜欢它。但我左思右想，觉得耳机这种东西能用就行。我转了很久，最终买了一款 220 美元的印度产耳机。

走在路上，我突然开始思考：这款耳机和我心目中最好的那款究竟有什么区别？于是，我折返回去，询问店员两款耳机的区别。店员告诉我，300 多美元的那款有降噪功能，而我买的这款没有。我愣住了，想了很久，最后决定打破自己的固执想法："给我换那款最好的。"

那天，不知为什么，我感觉自己的力量一下子聚集到了胸膛，浑身仿佛突然充满了力量。那天晚上，我在日记本上写道："尚龙，从今天开始，不要再压抑自己的需求。"

我们生活在一个长期压抑需求的环境里，从小就被教育要控制欲望、控制需求。但自从来到北美，我才发现，这里的孩子是被允许开心、允许表达的。他们可以告诉父母自己想要什么玩具，想过什么样的生活，甚至想几点睡觉——一切都是可以商量的。

有意思的是，由于我们长期压抑自己的需求，等到长大后，许多需求反而不好意思表达了。即使像我这样已经赚了一些钱，足够养活自己的人，也会经常问自己："我真的配得上这些东西吗？"

再讲一个故事。这个故事对我来说感触也很深。

刚大学毕业的时候，我虽然囊中羞涩，但真的很帅，青春得朝气满满。当时，我参加了一场英语演讲比赛，遇到两个女生。第一个女生各方面条件都更好，但我想了很久，觉得自己配不上她，于是我选了第二个女生，很快她成了我的女朋友，不过很遗憾，最后我们还是分开了。有趣的是，过了很长时间，我又见到了第一个女生。她已经结婚了。我们找了个地方吃饭，她问我："尚龙，为什么当时你选了她没选我？"我才知道当时她对我也有意思，本来可以双向奔赴，却因为我的不自信而没有踏出那一步。

后来,我的生活状态发生了很大的变化。我开始觉得自己配得上这个世界上最好的东西。如果有一天我突然感受到不配,我就会对自己说:"我配得上,我一定配得上。"没有谁比我更配得上过更好的生活。

再后来,我在网上看到一个词,叫"高配得感"。虽然我不太喜欢这个词,觉得它是个造出来的概念,但背后的逻辑是对的:请你一定要重复一句话——**你配得上优秀的生活,配得上优秀的人,配得上优秀的一切,配得上所有好的东西。**

请注意,我说的"配得上"并不是让你去超前消费。如果你认为配得上就是买名牌包、名牌表或大房子,那就大错特错了。这些是消费品,甚至是奢侈品,并不能让你从灵魂深处获得满足感或匹配感。相反,它们可能会成为你的负担。你应该在自己的能力范围内,做最好的布局,去享受最好的生活。

这也是为什么我之前一直强调存钱的重要性。因为很多时候,我们省吃俭用,存了好多钱,却发现到头来身体不行了,最后把钱花在了买药上。存钱是为了让你更好地享受生活。没有人告诉你享受好的生活是不应该的,只是你潜意识里这么觉得。

如果你的原生家庭总是告诉你"不配享受好的生活",请你在成年后有了一定积蓄时,重新"养"自己一次,去体验一下那些高端生活。我也体验过,我也吃过一顿就花费十几万元的"大餐",但说实话,真不如一碗泡面好吃。我爸常说我有"穷人胃",但我知道我不是不配,只是不喜欢那种浮夸的生活。

我经常参加一些很贵的饭局,别人拿出来的茅台都是30年的,吃一顿上万元的饭很正常。我不喜欢,但并不代表我不配。我也住过大别墅,但我觉得两居室已经够了,一个人住那么大的房子,反而有些可怕。可这并不代表我不配。这一切都要基于自己的经济基础和生活条件。

30岁后,我终于有机会重新"养"自己一次。现在如果看到特别喜欢的东西,我就会买下来。看到好吃的东西,即使很贵,我也会尝试。或许以后不会再持续消费这些,但我觉得自己配得上。

我会买好衣服、好车、好酒,只是不会沉迷其中。我知道它们只是生活的一种可能性,而我的兴趣恰好落在了上面。不要亏待自己,尽力去实现自己的愿望,这样就很好。

如果你只是个普通人,只能做一件事来获得这种"高配得感",我建议你从倒掉剩菜开始。过夜的菜别吃了,不要觉得自己只"配得上"这些剩菜。在物质极大丰富的今天,试着去吃一顿好的。打包回来的饭,如果吃不完,或者要隔夜,就倒掉。这不会让你损失什么,反而会让你明白:万事万物都是为你服务的,而不是凌驾于你之上。

最后,希望你找到最好的人,获得最好的东西,做最好的事情。 如果有人对你说:"你不配爱上我。"你要对自己说:"真的,你不喜欢我,我为你感到可惜。像我这么好的人,看,后悔了吧。"

放弃大多数无用的社交，

才能更好地积累能量，

让注意力回到自己身上。

人脉篇

谁认识你，比你认识谁更重要

生活

篇

厉害的人从不内耗

生活篇

**打败焦虑的方式，
就是在事情发生之前思考好解决方案。**

掌控下班后的生活

我写过一篇文章,大家可以反复看,叫《下班后的生活,决定了人的一生》,其中我讲了几个故事,到今天我还记忆犹新,在这本书里我就不重复了。

当这篇文章发布到网上后,很多网友评论说:"那是因为你的工作还不够累,我下班后只能动动手指刷短视频。本想做点事情,但刷着刷着时间就过去了,回过神来已经12点,只好睡觉。这时又会陷入无休止的失眠和内疚,觉得今天除了刷短视频什么也没干。"

你看,有多少人是这样的?如果你也是这样,觉得下班后的生活无法掌控,被它带着走,我建议你可以尝试一个办法——**下班回家后立马做一件有仪式感的事情。**

我试验过。一天忙碌的工作结束后,回到家已经快晚上9点了。我一般12点睡,还有3个小时。如果选择刷短视频,时间会很快就过去了，这时你一定要做一件事——立刻做一件有仪式感的事。比如，回到家立刻洗个澡。很多人总是拖到最后，因为没精力而睡着了，结果没有洗澡。回到家后，你可以立刻换上睡衣，或者立刻洗把脸，或是做一件提前计划好的事。

只要做到这一点，你就能重获时间的主动权。

我每天睡觉前会列出第二天要做的事情。如果实在累得不行，也会大概列一个计划。有了目标感后按计划行事，结果不会差到哪儿去。如果哪天特别累，累到骨子里了，也要做一些小事情，这样效率反而会更高。

还有一个方法，也是我在这本书里一直强调的，就是运动。 当你累到不行的时候，最好的方式绝对不是躺下睡觉。你会发现越是累到极点，你越睡不着，脑子里的想法是无法控制的。这时候，不妨运动一下。

我在知识星球里收到过一个真实案例。一位学生说，他每天下班特别累，完全提不起劲做任何事，感觉浑身的肌肉都不受控制。你知道我给他的唯一建议是什么吗？就是让他回到家，不论多累都去跑步。哪怕一开始只能跑100米、200米，慢慢增加到5公里，给自己设定目标。结果他惊奇地发现，跑完步后效率提高了，身体放松了，思维也清晰了。

人类进化了很长时间才学会跑步。从孩子的成长过程就能看出：先是爬，然后站立，接着学走，最后才能跑。跑步是人类为生存进化出来的功能，为什么不好好利用呢？**当你开始跑步锻炼，精神状态也会逐渐改善。科学证明，当学习效率低下**

时，最好的解决方法不是继续硬撑，而是换个思路，通过锻炼来提高效率。

看看谷爱凌，她为什么能在学习和运动上都表现出色？有次我看她的采访，她提到运动对学习有帮助。同理，运动对工作也有帮助。如果工作累得不行就去运动一下，身体状态改善了，工作也会更高效。

我把这个故事讲给了我的一位朋友听。这个朋友现在已经是小红书上的一个自媒体博主了，他的账号做得特别好，小红书一年给他带来的收入远远超过了他打工的工资。他和我分享了一个道理："原来以为工作要干一辈子，实际上不是这样的。工作的底层逻辑是，你要在最年轻的三五年里赚够退休的钱，之后的时间想做什么就做什么，没钱也很快乐。"我虽然不完全认同这种理念，但从他的经历来看，他确实通过小红书挣到了钱，改掉了下班后的习惯，开始锻炼身体，结果成功了。

还有一个方法，也是我强烈推荐的，回到家就把手机放到一边，充上电。

现在很多年轻人都有电量焦虑，如果你也有，就赶紧给手机充电，不要再玩手机了。一旦开始玩手机，所有精力都会集中在手机上，时间很快就过去了。翻开一本书、玩个游戏、做次冥想、撸撸猫……都比刷手机要好得多。一旦进入短视频的世界，时间就不再属于你了。

而且，长期沉溺于零散的信息会让人变笨。因为刷手机时，人无法进行深度思考，也失去了深入研究问题的能力。失去这种能力，未来将会很糟糕。互联网充斥着碎片化内容，你好像什么都知道一点，但什么都不精通。看不到问题本质，这会带来巨大的麻烦。

尝试这些方法后，你还可以找到下班后的具体事项。接下来，我分享几件下班后可以做的事。

第一，做自媒体。无论在什么平台上做自媒体，本质上都是自我表达的过程。人不会因为做自媒体而变得很厉害，但会因为做了自媒体而养成爱表达的习惯。这个世界是掌握在输出者手中的。你必须持续输出、表达，只有这样，别人才能知道你在想什么。在这个过程中，你也会慢慢变成一个会说话、能说清楚话的人。

第二，学习视频剪辑。这项技能越来越简单，不需要复杂的工具，直接用剪映就可以。剪映里有很多人工智能功能，可以帮助你快速入门。未来是视频的时代。虽然大家还在看文字，但这些内容未来都会以视频形式传播，甚至你可能就是看了某个短视频才购买这本书的。所以，视频是未来趋势。作为作家，我曾经很长时间抗拒做视频，认为文字才是纯粹的，后来发现很多知名作家都在做视频，我为什么不试试呢？当然要做。

第三，锻炼写作。所有与内容相关的工作，本质上都是写作。为什么我能把演讲和视频做得这么好？因为在写作时，我已经把想表达的内容写明白了。一个人在写作上投入的时间越多，思维就会越严谨。你可以观察身边的人，分成两种：第一种人是想都不想就直接说话，边说边想；第二种是先想明白再说。我属于后者。我的反应很快，就是因为长期大量的写作，让我学会思考自己到底要说什么、想什么。

第四，阅读。 这一点不需要我多说。你读到这儿，就说明你已经明白读书的重要性了。未来所有的一手知识，仍然会保存在书中。虽然这些知识会通过互联网、ChatGPT 传播到各处，但系统性的内容还是在书里。比如想系统地学习一些知识，在网上一般只能看到各种片段，但在书里，可以得到完整、系统的结构，有更深入的思考和认识。

这都是 AI 时代下能让你掌控生活的习惯。

养成这些习惯后，你会发现你的状态越来越好，同时还能赚点小钱。多好。

应对焦虑的唯一方法

最近，我发现互联网上有个很流行的词，叫"电量焦虑"，这也是很多年轻人的特点。手机电量只要低于50%，就会非常焦虑。这一节，我想和大家聊聊，为什么很多人会有电量焦虑。

其实每个人都有焦虑，只是底线不同。有些人电量到98%就开始焦虑，这属于强迫症，不做讨论。但也有人手机电量降到2%都浑然不觉，突然断电也不焦虑，认为没电就没电了。

我在网上经常看到这样一种观点：请不要嘲笑那些为了一两块钱争执不休的人。因为当你有一万块钱时，丢一两块钱无所谓；但如果你只剩一两块钱，丢的可能就是救命钱。这个观点很有道理，与手机电量焦虑的情况也很相似。

我们现在的生活已经离不开手机了，尽管可以暂时戒断，但最终还是要回到手机上的。手机让你的大脑和身体能够连接到世界各个角落，未来马斯克也许能成功移民火星，甚至能让你的意识和躯体转移到全球各地，这是无法回避的趋势。

如果一个人的手机电量有98%，他不会在意损失一两格电。但如果只剩下1%、2%的电量，他就会格外珍惜那一两格电。现在我要提出一个值得深思的问题：为什么要等到手机电量只有1%、2%才出门？

我认识一个朋友，她总是不看电量就玩手机，经常玩着就没电了。和父母视频聊天时也是如此，聊着聊着就突然断线，再打过去就占线了。我们关系很好，她父母知道这一点，所以经常给我打电话。

有次她手机突然没电，我第一反应是出事了，担心她遇到抢劫。后来我跑到她家，看到她正面无表情地做着家务，手机在充电，还没开机。我说："你父母都急坏了，都打电话给我了，你怎么会让手机没电呢？"她只说了句："没注意。"你看，这就是一些人的生活状态。

我也遇到过多次，前一天没充好电就直接出门，挤地铁时手机就耗尽了电量。我迷失在北京的地铁里，别人发给我一个地址链接，但我完全找不到地方。那真是我人生中最焦虑和崩溃的时刻。我四处问路，却无人知晓。

后来我跑到一家便利店，想买个充电宝，觉得大不了花几十块钱。但手机已经无法开机，根本没法支付。和店员解释很久后，他才借给我一根充电线。我等了整整10分钟，手机才慢慢恢复，然后买了个充电宝。那10分钟应该是我人生中最漫长的10分钟。

虽然现在街上到处都是共享充电宝，但我想说，面对很多事情，你的人生要有备案，要有 Plan B。我父亲经常告诉我一句话："常将有日思无日，莫道无时想有时。"**电量焦虑的本质，就是没有备用计划。**

为什么充电宝可以卖得那么好？因为大多数人总觉得自己会有备份，认为不会把自己逼到没电的地步。超市里遍布共享充电宝，商家已经预见到你一定会忘记随身携带充电宝。于是，你会不断依赖共享充电宝，而共享充电宝的租用价格却越来越高，甚至一小时就要花五六块钱。

回到现实生活，为什么借贷产品的利率越来越高？为什么借钱的人越来越多？因为很多人错误地认为能借到的钱就是自己的。但借了就要还，还要付利息。为什么会借钱？因为从未想过要存钱，没考虑过突然没钱时该怎么办。

这些年我养成了一个好习惯。从北京飞往加拿大时，我随身带了四个充电宝和两根充电线，用于给手机、电脑充电。只要在候机室或有电源的地方，都会检查一下手机和充电宝是否有电。结果等我到了加拿大，手机电量还有 90%。这种有备无患的思路，体现在我做事的方方面面。

有一段时间，我创业失败了。我发现身边几乎所有创业失败的人都有个共同点：欠债，欠很多很多钱。我创业失败时，也有将近 1000 万打了水漂。当时我做飞驰这家公司，几乎整个团队都离开了我，拿了 N+1 走人，连我的合伙人也把账上的钱拿走了。只有我一个人默默扛到最后，收拾烂摊子，卖掉公司的资产，宣布破产，走完了整个破产流程，赔偿了合作方，整个过程赔了 1000 万元。

但是我到今天依然没有因为金钱问题而痛苦或难过。原因很简单，我有 Plan B。创业之初，我先把一大笔钱存到了银行账户里，算了一下，这笔钱在未来 3～5 年里，即便我什么都不做，也够我和家人生活。所以我才拿其他的钱去投资、去创业。虽然创业失败了，但我不后悔。直到现在，我和家人都从未因为钱挨过一天饿。

我特别感谢这种思路。这套思路来自我爷爷。从小他告诉我父亲一句话："常将有日思无日，莫道无时想有时。"我的爷爷见证过时代变迁，他有四个儿子，每一次变迁都能安然度过。用我父亲的话说，爷爷总是非常聪明地为自己铺后路，最后得以善终，享年 96 岁。

这句话——"常将有日思无日，莫道无时想有时"——成了他留下的遗产和智慧。当今所有有电量焦虑的年轻人，都没有想到资源可能会有枯竭的一天。但随着年龄增长，你见过一些人从繁华到没落，见过他们盖起高楼、宴请宾客，最后高楼塌了，宾客散了。你见过时代的周期性，看过有些富豪突然变成了穷光蛋，见过有人突然成为暴发户。当这些例子放在你面前时，你就明白了，这世界上没有什么是稳定的。

你要做的就是分散投资，保底，要有 Plan B，永远不要让自己陷入手足无措的境地。拿着手机走在街上时，不妨多留意电量，心里有个底，想想电量还能用多久。不妨在不用手机的时候充电，睡觉时插上电源，第二天打开手机，电量满格地迎接新的一天。

年轻人的电量焦虑，我不觉得是个大问题，大问题在于他们从不规划未来。这世界有两种人：一种是活在当下，今朝有酒今朝醉，不管身后洪水滔天；另一种是社会精英，始终关注远方，即使只是规划自己的生活、家庭或者公司的未来。

我调查研究过几千位领导者，他们有很多优秀品质，如善良、努力、奋斗，但所有领导者都有一个共同特点，那就是远见。他们看问题比较长远，居安思危。

我也是这样的人。如果没有规划未来，没有考虑可能发生的事，我不可能每年写一本书。我总是在当年写完一本书，为来年出版做准备。这个计划我已经推展到5年之后。换句话说，未来4～5年里，我每年都有一本书准备就绪，只需在正式出版前加入当时的元素。

我的公众号之所以能够日更，正是因为稿子已经提前写到了一个月之后。视频号也是同样的逻辑。每天早上看看新闻，有新闻就发，没新闻也有足够多的储备内容，不用担心哪天没内容可发。

所以，居安思危，看得远一点，你就不会有电量焦虑。那些说自己有电量焦虑的人，往往在其他方面也存在焦虑，比如亲密关系中的安全感，或是来自原生家庭的影响。

最后，我想补充一句，打败焦虑最好的方式，就是立刻去做让你焦虑的事情。再加一条：**打败焦虑的第二个方式，就是在事情发生之前，就已经思考好解决方案了。**

人生逃不开的三次背叛

在讲和父母的关系时，我说过人这一生如果要成长，必须经历三次背叛。虽然每一次背叛都是不情愿的，但必须去经历、去离开。这三次背叛分别是：背叛原生家庭（你的父母）、背叛过去的发小和圈子以及背叛过去的自己。

这一节，我想从另一个角度来聊聊这三次背叛。

第一步，背叛自己。

我之所以用"背叛"这个词，并且用得这么重，是因为我从两本书中得到了启发。

第一本书叫《你当像鸟飞往你的山》，英文名 *Educated*，直译为"被教育"。这本书让我真正理解了教育的本质——它并不是为了考取高分或获得一堆证书，而是为了逆天改命，打破阶层的束缚。书中的塔拉·韦斯特弗（Tara Westover）生活在一个非常糟糕的环境中，她的父母既不爱学习，又打压孩子，还不让她上学。她的家人类似于生活在偏远山区的一些人，愚昧、无知且固执。然而，塔拉通过自学和不懈努力，最终考上了美国常春藤名校，并成为畅销书作者。她的书得到了比尔·盖茨和奥巴马的推荐，现在的塔拉已经实现了财富自由，跻身美国中产阶级。

塔拉的成长历程充满了自我突破和痛苦的改变，她必须背叛她的家庭，去追求独立和自由。即使实现了逆天改命，她和父母依然无法和解。她的父母是虔诚的摩门教徒，极度保守，不相信现代医学，甚至否认塔拉所经历的虐待。即使塔拉取得了巨大成就，她的家庭依旧拒绝认可她的选择和成就，这使她在情感上经历了绝望的孤立与深刻的矛盾。

塔拉在书中详细描述了如何一步步从父母的控制中挣脱，这不仅是现实中的逃离，更是精神上的自我解放。她和父母的关系至今依然紧张，甚至在社交媒体上公开争吵。塔拉的父母至今都不认为自己有错，依然固执地坚持他们的信仰和生活方式。你看，背叛父母是有代价的，逆天改命也是有代价的，这种背叛带来了独立和自由，但也带来了无法愈合的家庭裂痕。

第二本书是《乡下人的悲歌》。作者是最近备受关注的政客J. D. 万斯（J. D. Vance），现任美国总统特朗普的得力副手。有趣的是，他在写《乡下人的悲歌》时非常痛恨特朗普，写完后却拥抱了特朗普，甚至成了他的坚定支持者。这种转变让许多人感到困惑，连马斯克都对他的立场转变表示质疑。

万斯的转变颇具戏剧性，也是他个人成长的关键节点。他出身于美国俄亥俄州的工人阶级家庭，在贫困和混乱中长大，家庭环境充满暴力和不稳定。这些经历为他的书《乡下人的悲歌》提供了丰富的素材。在书中，他描述了如何通过努力挣脱家庭和社会的束缚，最终进入耶鲁大学法学院。起初，万斯强烈反对特朗普的政治立场，但在深入参与政治后，他逐渐发现特朗普的主张契合工人阶层的利益，这促使他重新审视自己的立场。

这种转变不仅是政治选择，更是对自身信仰和价值观的深刻反思。万斯选择背叛过去对特朗普的看法，这在许多人眼中似乎背离了初衷，但对他而言，这是理解现实、适应变化的结果。你看，人是会变的。背叛过去的自己，实际上也是一种成长。

虽然"背叛"这个词听起来很沉重，但如果你出生在平民家庭，假设你父亲这辈子都在为别人打工，没能实现阶层跃迁，那么你最好的选择就是离他们远一点，不要听他们的话。但是，如果你的父母是成功的商人、企业家或官员，你最好的选择就是听他们的，因为他们已经积累了丰富的资源，你可以站在他们的肩膀上继续前行。

我相信，大多数人和我一样，不愿重复父母的道路，想要走出自己的一条路。那么你必然会与父母在观念上产生分歧，这些分歧会让你们成为完全不同的人，走上截然不同的道路。在这种情况下，你需要背叛父母。很多人就是因为走了父母的老路，最终活成了父母的样子。所以，先问自己一个问题：你希望活成父母的样子吗？如果希望，那就继续走他们的路；如果不希望，那就空间上拉开距离，少和他们在一起，少听他们的意见。

在做重大决策时，要去问那些与你关系不深但你很崇拜的人。我前几天和朋友古典聊天时说："我反对你'做自己'的观点。人生的第一步应该是'做别人'，因为如果你一开始就做自己，很容易就走上和父母一样的路。"他疯狂点头表示认同。我们一致认为，人要成长，第一步就是背叛父母。

第二步，背叛过去的圈子。

在我的人生中，每一次升级迭代，都是从背叛过去的圈子开始的。每次我感到自己在进步，想要突破时，挡在面前的都是那些曾经很好的朋友。你会发现，他们往往是最先对你产生不满的人。这是人性，不要觉得奇怪。这个世界上没有多少人真正希望你过得比他们好，大多数人希望你和他们一样平庸，尤其是那些曾经最亲近的朋友。你们形影不离，但突然间你"飞"起来了，他们会产生落差感，心里会有不爽的感觉。

我经常告诉身边的朋友，如果你混得还不错，就应该远离过去的圈子。那些最了解你的人，往往也是最有可能在背后伤害你的人。我也犯过这样的错误，认为带着兄弟一起走可以很好，但后来发现，兄弟并不会感激你。相反，他们会不停地想：为什么他能在那个位置，而不是我？他们可能会疯狂模仿你，甚至想尽办法取代你。创业这么多年，我见识过太多人性的复杂，背叛过去的圈子，是你必须面对的课题。

我很讨厌同学聚会，去过几次，发现每个人都一样，没什么变化。一年过去，大家聊的话题依旧是同样的事，每天都在重复。经济环境好的时候赚得多，环境差的时候赚得少。在这种氛围里，你很难看到新的生命力。

因此，跳出原来的圈子，去拥抱新朋友非常重要。不要总想着和过去的朋友一起做事，因为你们不是同类人，不要强行带兄弟上路。

第三步，背叛过去的自己。

人生就是一个不断发现自己曾经是"傻缺"的过程。如果你总觉得过去的自己特别牛，那说明你的人生正在走下坡路。我经常翻阅过去的日记，每次都觉得自己曾经太过自以为是、狂妄自大，活在自己的小圈子里，谁和我意见不同，我就认为他错了。

但当我成长了，见过更多人，读了更多书，再回头看，才发现自己当时的世界观是多么狭隘。我也在不断背叛过去的自己。人必须背叛过去的经历，才能挣到你认知之外的钱。你不可能一边做井底之蛙，一边让全世界听到你的声音。你必须跳出这口井，跳到更大的世界，头都不要回。

我也特别反感网上那些"保持初衷"的说法，觉得这种认知太过简单。因为随着人生的变化，你的初衷是会变的。比如，原来我的初衷是赚很多钱，后来发现为了赚钱可能会做很多昧良心的事，我的初衷就变成了过得开心、对得起自己。你说我变了吗？当然变了，我变得更符合当下的自己了。

这三次背叛，是每个实现阶层跃迁的人必经的过程。所以，当你看到那些成功的人，他们内心冷静，目光如炬，但喝两杯之后，也会有难过的时候。这不也是背叛（这里的背叛本质上是成长的机会，选择不一样的方向）后的应激反应吗？

所谓背叛，是对旧我的超越，是一次自我革新。它让我们从过去的束缚中解脱，去迎接更广阔的人生。 正是在每一次挣扎和撕裂的背叛中，我们才能真正找到内心的自由，突破成长的瓶颈，迈向更高的峰顶。那些看似沉重的背叛，最终却成为我们生命中的"王炸"，是让我们成为更好的自己的关键力量。

分清楚爱与控制

前段时间有个女生问了我一个极其离谱的问题:"我以后不结婚不生孩子,能不能跟我们家猫和狗过一生?"我之所以觉得离谱,是因为她大概连猫和狗的寿命有多长都不清楚。我不知道她这样做是不是在尝试为未来养孩子做准备。但如果她真的想和猫、狗度过一生,要么她的寿命太短,要么她养的可能不是猫和狗,而是打扮成猫和狗的乌龟。

为什么这个时代的年轻人都爱养宠物,却不愿意养孩子呢?我不想简单地用"责任感"来解释这个问题。我希望从多个角度来说明白人和宠物的关系。

首先,现在有这么多猫和狗,并不是因为地球上本来就有这么多。如果大家看过尤瓦尔·赫拉利写的《人类简史》,就知道这是人类刻意驯化的结果。就像这世界上本来没有那么多小麦,但随着人类对小麦的需求越来越大,人们开始刻意驯化小麦。同样，猫和狗也是人类刻意驯化的。然而，我们现在却本末倒置，让猫和狗代替了我们的下一代。

那么，养宠物有什么意义呢？我总结了以下几个方面：

第一，宠物提供了爱与信任。人有被爱和被需要的需求，宠物恰好能满足这一点。有人说，为什么不要个孩子？因为要孩子不仅需要另一半，还会带来更多责任。现代人不愿意深入了解彼此，所以选择了宠物。宠物几乎不会对人构成威胁，但人会。有时，最可怕的恰恰是人。宠物依赖主人生存，让人感觉自己有能力、有欲望去照顾一个生命，同时也减少了孤独感。在大城市里，拥有被需要感是一件很好的事情。

第二，宠物能缓解压力。猫和狗都是减压的好伙伴。有科学统计表明，老年人在伴侣去世后，如果收养一只狗或猫，能大幅降低死亡风险，甚至延长寿命。同理，一个刚进入城市的年轻人，如果有一只猫或狗陪伴，也能增加生活中的好奇、怜爱等情绪。

第三，养宠物是一种心理转移。我认识很多养猫养狗的朋友，他们只要回到与猫和狗共处的世界里，就能暂时远离纷繁的信息、巨大的压力和无法掌控的未来。他们给猫和狗取个名字，仿佛有了一个家庭，而这个家庭不用承担传统家庭的责任。这样的家庭是一种半真半假的存在，可以短暂逃离不理解的世界，转移焦虑、抑郁和不安的情绪。

第四，也是我觉得最有意思的，很多人会把知心话讲给猫和狗听。我没有刻意去观察别人家的情况，但有一次我喝醉后住在朋友家里。半夜被他讲梦话吓醒了。我揉了揉眼睛，发现他其实在跟自己的狗说话，说了很多真心话。我相信这些话他可能不会对我说，也不会对父母讲，但他对着狗说了很久。那狗就静静地听着，虽然谁都知道狗不一定听得懂，但人们确实需要一个倾诉的对象，宠物恰好能满足这样的需求。

你有无数个理由去养宠物，宠物也有其不可忽视的重要性。但今天我想聊的另一个话题是关于情感中的权力与被爱。

我在之前的书里提到过，爱是平等的。你爱别人，前提是别人也会爱你。在平等的爱的基础上，才会产生被爱、结婚等情感关系。然而，你和宠物之间的爱从来不平等。不仅不平等，你对猫和狗几乎拥有绝对的权力。换句话说，宠物的一生无法离开你（除非你无法继续抚养），因为它们没有独立的生存能力，只能依附于你。

你不用担心宠物是否只爱你、最爱你，也不用为它们吃醋。你可以对它们做任何事情，而它们不能对你做任何事。这种情感中的上下关系非常明显：你处于感情的上位，而宠物在感情的下位。你对它们有绝对的控制权，它们却无法对你提出任何要求。

如果有一种爱情也能如此，你愿不愿意接受？

我相信大多数人都会愿意。因为在这种情感中，你可以做任何事情，而对方却无法反抗。这种情感关系有复杂性，只有服从与要求。很多人其实并不是喜欢养宠物或猫狗，也不是在逃避一段感情。他们只是想在感情中占据上风，想不负责任地获得一切，却不愿意付出。

请恕我直言，很多只愿意养宠物、不愿意养孩子的人，正是抱着这种心态。即便他们养了孩子，也会像对待宠物一样，占有孩子的每一分每一秒，认为孩子是自己的附属品，不能有自己的想法。

所以，我们养宠物的本质，其实是一种控制欲。

在关系中，拥有权力的人往往更具自尊和自信，也更有安全感，对被爱的需求更低。而那些渴望被爱、需要通过爱来证明自己价值的人，往往在关系中缺乏足够的权力和掌控感。因此，我要告诉你一个秘密：从宠物身上，你得到的不是爱，而是权力。

如果你想一辈子和宠物生活在一起，你缺的并不是爱，而是权力。 你渴望的是权力和话语权，渴望更多地掌控自己的人生。

所以，关于爱，你不是应该去想如何得到更多的爱，而是应该争取更多的权力和话语权，在这个世界上拥有更大的"版图"，仅此而已。

拥有离开的勇气和资本

我特别喜欢宫崎骏说过的一句话:"人生就是一列开往坟墓的列车,路途上会有很多站,很难有人可以自始至终陪着走完。当陪你的人要下车时,即使不舍也该心存感激,然后挥手道别。"

这句话说得多好,虽然简短,却充满了生活的哲理和人情的温度。它揭示了生命的真相——**我们在一段段相逢与离别中渐渐前行。**

马尔克斯也曾说:"生命中真正重要的不是你遭遇了什么,而是你记住了哪些事,又是如何铭记的。"这句话极为深情,它提醒我们,人与人之间的情感超越了时间和空间,留下的印记是无法抹去的。

在经历了许多离别之后,我悟出了一些道理,想借此机会分享给你。

小时候，我们在书里、在电影中无数次见证离别的故事。每次提到离别，总会让人不由得心中一动，那种挥手告别的痛苦虽未在现实中真正经历，却已从他人的故事中深刻体会。

比如林徽因写道："很多人不需要再见，因为只是路过而已，遗忘就是我们给彼此最好的纪念。"我曾在网上读到："春天短到没有，你我短到不能回头；所有的道别里，我最喜欢'明天见'。"这些词句总能轻易拨动人心弦，让人感受到一种淡淡的伤感，令人潸然泪下。一种短暂生命中的美丽与失落，仿佛每次离别都是一道难以弥合的裂痕。

请恕我直言，曾经的我也许太矫情。像很多人一样，我对离别有着根深蒂固的恐惧与抗拒。尽管理性上明白离别是人生常态，但在情感上，依然难以坦然接受。我们害怕伴侣出差，害怕和父母告别，害怕异地恋，害怕突然迁居到陌生的城市，甚至害怕一部小说或一部电视剧的完结。

这些"离别"仿佛都在提醒我们，**人生没有永恒相伴，唯有学会与孤独相处。**

我最近一次的离别是与父母在加拿大的分别。他们陪我来加拿大读书，带着几个大箱子和我一起走上这段旅程。随着开学临近，他们也逐渐忙碌起来，最终还是要离开。

父亲说，在加拿大他感到一种莫名的寂寞，反而在武汉他感到安心——那里烟火气十足，每天都能与熟悉的老友碰面，那是一种充实而具体的快乐。

送他们去机场时，我特意留了个"心眼"。因为过去我写过一篇文章《现在的分别是为了更好的相聚》。我深知人们永远不知道离别何时会变成永别，所以要珍惜每一次告别——能拥抱就拥抱，能亲吻就亲吻。这些年来，我一直坚守这个信条，每次在机场与重要的人告别时，都会给他们一个紧紧的拥抱，仿佛那一刻能将所有未尽的情感传递。

我特别想知道父亲是如何面对离别的。毕竟，他已经60岁了，但在很多方面依然是我学习的对象。我陪他办理完值机手续，托运好行李，最后送到安检口。因为有些事要处理，我去上了个厕所，回来时，发现父母已进入了安检区。我甚至没有来得及说一声再见，他们只是匆匆发了条短信告诉我"我们已经安全在飞机上了"。

那一刻，我突然意识到，也许父亲也不知如何面对这种告别。他没有流泪，没有拥抱，只是像个孩子般地"逃走"了，因为他知道，如果真的认真告别，我可能又会写一篇文章叫《硬汉的再一次眼泪》。他总是对我笔下描绘他"软弱"的形象心存芥蒂。

我想起了第一次与父母分别的情景。那时我18岁，和父亲一起乘火车去报到，进入学校的那一刻，我便意识到这是一段无法轻易回头的旅程。父亲没有说太多，只是默默地看着我走远，然后转身离开。那沉默的背影和他不善表达的情感，是我后来许多年逐渐理解的父爱方式。

大一时，学校的生活让我感到无比煎熬，回家过寒假的每一天都显得弥足珍贵。每次返校，内心总是充满不舍，我甚至每天倒数离家的时间。那种数着日子的心情，将分别的痛苦放大到了极致。

10年后，我离开北京，前往多伦多。那段时间，我在公众号上开了一个专栏，我想用最后3个多月的时间和朋友们好好道别，因为不知道何时能再见。然而，离别的情绪并没有想象的那么浓烈，那些告别饭局、离别酒会里，我竟然逐渐体会到释然与坦然。

也许，那时候我终于明白了，**离别的关键，不在于是否会重逢，而在于在这段旅程中，我们是否彼此照亮。**

我逐渐悟到，离别之所以让人痛苦，往往不是因为离开本身，而是因为我们心中的无力感。人只要过得好，便不会时刻想着过去。只有当生活中的光彩黯淡，我们才会被不舍和回忆所缠绕。30岁之后，我渐渐懂得，离别和孤独都是人生常态。唯一能做的，就是让自己变得足够强大，强大到可以随时买张机票，去见想见的人。

这次的离别父母并没有特别伤感。回到武汉后，父亲甚至开始计划下次旅行，他说："要不这样吧，你帮我办个美国签证。加拿大规定每半年要离开一次，我就不用回国了，下次陪你半年，再去美国转一圈，再回来待半年。"听着电话那头父亲的兴奋话语，我忽然觉得这份洒脱竟然如此感染人。原来，离别不必悲伤，因为那些心意相通的人，无论身在何处，都能感受到彼此的温度。

我不再为离别伤感，因为只要我想，随时都可以买张机票飞回去。我给父母买的机票，总是头等舱。只要他们的旅程是我安排的，就让他们坐在最舒适的位置上，他们值得我用最好的方式去对待。这种自由选择的感觉让我深深体会到一种力量，一种对生活的掌控。

我写过"离别是为了更好的相聚"，但后来意识到，有些相聚其实并无必要。如果我天天待在家里，无所事事，父母也未必会开心。真正的亲情，靠的是彼此的成长与进步维系，而不是强迫紧紧相伴。要化解离别带来的痛苦，只需做到四点：

第一，你的离开是为了让彼此的生活变得更好，那么离别就不会那么痛苦。人往高处走时，离开不是失落，而是一种成全。告别那些低质量的圈子，离开那些让你停滞不前的环境，这是一种向上的力量。

第二，让自己变得强大，足以解决一切问题。拥有随时随地去见所爱之人的能力，时间才是最宝贵的资源。只要你足够自由、足够强大，就不会再害怕离别。

第三，接受离别是生命的常态。无论你多么努力，有些人注定只能陪你走一段路。与其抗拒，不如接受这一现实，把每次相聚都视为难得的馈赠。每一次离别，都是对我们心灵的磨炼，教会我们珍惜眼前人。

第四，找到内心的平衡和安宁。当你学会在孤独中找到内心的满足，不再依赖外界来定义你的情感价值时，离别的痛苦也会逐渐减轻。内心的平静与自足，让你在面对任何告别时，依然能够微笑着挥手道别。

这便是我在经历无数次离别后所悟出的道理，或许这些感受并不适用于所有人，但它们的确是我在时间长河中得到的答案。

离别不可避免，但那份自由和强大，能让我们在每一次告别中，依然保有爱与勇气。

如何与父母有效沟通

在这本书的前面我就讲过,一个人想要成长必须经历三次背叛。

第一次是背叛自己的父母。你要承认自己和父母是不一样的,承认他们的教育和养育有不足之处,承认他们只是普通人。

第二次是背叛过去的圈子,比如三姑六婆、同班同学。

第三次是背叛过去的自己。

只有经历这三次背叛,才能成为一个真正独立的个体。

所以,成长必须从背叛父母开始。当你一开始背叛父母时,他们可能会非常讨厌你,甚至可能与你断绝父(母)子(女)关系。但这是成长的必经之路。**就像你从母亲的身体里出来一样,你也必须断掉与母亲之间的脐带,让母亲的部分回归母亲,让你的部分回归自己。**生活和心理上都是如此。

如果你与父母的交谈越来越少,这表明你正在经历一次独立的成长，正在成为一个独立的个体，这是一件好事。

我见过很多人到了30岁还住在父母家，最大的困扰就是与父母的矛盾。我有一个同班同学，每次聚会他都会抱怨父母，说父母一说话他就感到烦躁，吵完架后又感到内疚。抱怨的话题五花八门，我都可以给他写本小说了。以前是催他找对象，后来结婚了又催他生孩子，现在孩子出生了，矛盾已经演变成了他、孩子和他妈之间的三方矛盾。矛盾表面上越来越多，但主要矛盾始终是他和他妈之间的矛盾。

于是我给他出了个主意：不妨试着搬出去住。他说从未这么想过，我让他考虑一下。我不清楚他是如何突然下定决心的，后来他真的搬出去了。结果，他和他妈之间的问题都得到了解决，他也轻松了许多。

我也是这样。有段时间我和父母住在一起，我和父亲基本每周都要在情绪极度克制的状态下吵一次架。后来我才发现，并非因为我们关系不好，而是因为我们都有自己的生活。在同一个屋檐下住久了，彼此的生活习惯、态度都会像藤蔓一样缠绕在对方身上，而对方也是一棵参天大树。结果就是彼此间的尊重越来越少，抱怨越来越多。

其实，保持物理距离能解决很多问题。

第一，试着与父母保持物理距离。

这并不意味着你们之间没有爱。相反，距离产生美，适当的距离反而能更好地体现你们之间的爱。

对于那些一靠近父母就烦躁，一吵架就内疚的人，不妨承认父母是独立的个体，而你也是独立的个体。保持一定的距离，对双方都有好处。逢年过节时可以多聚一聚，平时有事没事也可以串串门。一旦开始离别倒计时，这份感情反而会维持得更好。

最初，我父亲来加拿大陪我读书时，我们经常吵架，最激烈的时候甚至吵到拍桌子。什么时候他开始对我改变态度？是当我给他买了一张回国的头等舱机票，确定了回程日期后，他开始对我友善许多，也不再指责我了。

第二，学会课题分离。

这句话我已经说过很多次。我见过太多孩子把父母的痛苦归因于自己的无能。但父母的痛苦和你的痛苦一样，都是自己的事。不要试图去改变别人。

我写过，人生中最幸福的事就是放下"度他人"的情结，尊重别人的命运。这也包括尊重你父母和孩子的命运。他们都是独立的个体，你可以影响他们，但改变他们的责任不在你，而在他们。

人是不会被叫醒的，只能痛醒；人也不会在言语中改变，而是必须在行动中改变。不要用爱来绑架别人，因为爱不能作为绑架的理由。如果爱成了绑架，连爱也会消失。

有一位母亲曾经哭着对我说，她的孩子成绩差、早恋、打架，觉得他这辈子完了。我想了很久，最终还是对她说出了这段话："他这辈子可能会失败，但至少你还爱他。如果你还爱他，就尊重他的命运。即使他真的失败了，你也可以帮助他，你们的爱没有变。

如果你拿爱去绑架他，用爱威胁他去改变、去学习，最终他可能还是原来的样子，但他会恨你，你们的关系也会破裂。"说完这话后，这位母亲放手了。结果，她的孩子后来考上了本科，现在在一家互联网公司做运营，每月工资5000元，至少能够自给自足，比曾经预想的要好很多。

第三，降低对父母的期待。

人的成长过程，就是逐渐降低对父母的期待的过程。我们会从小时候事事依赖父母，到慢慢开始脱离父母，变得越来越独立。如果你还有能力帮助父母，这就是一个正向循环，从需要他们到给予他们。

但现在很多人30多岁还在依赖父母，甚至把带孩子的责任推给父母，这种现象实在太常见了。

第四，不做实际交流。

这确实是一种智慧。所谓不做实际交流，就是避免讨论那些可能产生矛盾或认知差异的话题。比如，如果你不想生孩子，这件事就不必告诉他们，他们可能接受不了。再比如，如果你不想找朝九晚五的工作，不想考公务员，不想学传统专业，也不必与他们讨论。多聊聊饮食起居、身体健康之类的话题。

随着年龄增长，分别的时间越来越长，接触的人、圈子、环境都不一样，你和父母很难再有共同话题。你们之间的话题更多的是基于情感和血缘关系的。不要小看这些话题，它们是父母和子女之间为数不多且永远不会变的话题。

这不正是爱的体现吗？为什么非得聊一些双方都不愿意，甚至一开口就会争吵的话题呢？

避开这些话题，聊些轻松的事情不是很好吗？你们可以谈论天气，这样的话题不会引发争执，晴天就是晴天，阴天就是阴天，聊着聊着就能达成共识。如果实在不能达成共识，就停在达成共识的位置，这样也不会损害与父母的关系。

别做有控制欲的家长

到加拿大留学后,我在温哥华见到了很多家长。在各类饭局、聚会、茶歇中,他们不约而同地都谈到了对孩子的教育。所以,我想借这一节聊聊我最近的一些新思考。

我总结了优秀家长身上具备的三个共性。

什么是优秀的家长?**我认为,优秀的家长就是能够培养出具有"生命力"的孩子。这样的孩子眼睛里有光,面对陌生人不害怕,遇到比自己优秀的人不怯懦,遇到比自己身份低的人不倨傲。你会觉得这个孩子是鲜活的。**

然而,你会发现很多家长把自己的孩子培养成了"机器人",他们眼神空洞,见到父母仿佛见到仇人。与人交流时,总是显得高高在上、孤立无援。

基于此,我总结了优秀家长的三个特点。

第一,对孩子没有强烈的控制欲。

换句话说，他们允许孩子做一些自己看不懂的事情，允许孩子在未来5年到10年里走一条自己完全不熟悉的路。举个例子，我现在做的事情，我的父母在我小时候根本看不懂。他们能理解我在部队发展一辈子，因为这符合他们的人生模型。但如果他们坚持用自己的人生模型来规划我，可能我早就"废"了。正因为我现在做的事情他们看不懂，却依然保持尊重，我才能走到今天。

昨天，我跟一个孩子的父母聊天，他们坚持要让孩子学Computer Science（CS，计算机科学），理由是"计算机是未来的趋势"。我说："如果你强迫孩子学计算机，他大概会'废掉'。你以为计算机是未来的趋势，但这是个误区。谷歌现在几乎不再招CS专业的人才，反而更青睐人文社科、心理学或MBA专业的人才，因为这些人更具有全面的发展潜力。"

你不理解世界，却用你理解的方式去控制孩子，孩子注定会毁在你手上。

第二，要认可孩子。

这一点非常重要。孩子有三种与生俱来的需求：被看见、有价值、我很重要。这三种需求是每个孩子生来就有的。所以，孩子从小会不断吸引父母的注意，长大后希望自己做的事能被父母认可，再大一些，希望成为父母眼中最重要的人。

但很多家长总是在打压孩子，认为孩子做什么都不对、不行。在这种否定式教育下，孩子会慢慢觉得自己不值得被尊重，认为父母太强大了，而自己什么都不是。

大家可以看一本书，新西兰作家琳达·科林斯写的《永远的女儿》。书中的女儿在优越的条件下——家境富裕、上国际学校，最终还是选择了跳楼自杀。为什么？因为无论她做什么，父母总觉得她做得不对，这个不好，那个不行。有时我也很困惑，家长会说："我这孩子数学不错，但语文不行，能不能找个老师补补语文？他太偏科了。"我特别纳闷，为什么不关注他数学的优势，反而总是纠结于他语文的短板呢？

当孩子发现自己无论做什么都得不到认可，眼里的光就会消失，心想：你做主吧，我躺平算了。有多少孩子最终变成了这样？

我曾在一个大姐家吃饭，她说起朋友的儿子已经大学毕业了，但一提到找工作，她朋友的儿子就坚称："我爸妈的钱就是我的钱。"这种想法是何时根植在他脑海里的呢？很简单，当父母长期漠视孩子的需求、忽视他的存在、鄙视他的价值时，孩子就变成了依附在父母身上的"磁铁"。说是磁铁都客气了，简直是"狗皮膏药"。

我想问这样的父母，最后会开心吗？不如从小就鼓励孩子："你做得很好，你是独立的个体，凡事要为自己负责。"这样的孩子才能真正成长，成为独立的个体。

第三，优秀的父母都"活在当下"。

别小看这四个字，很多父母都在焦虑未来、后悔过去，恰恰是因为没有活在当下，而孩子却是活在当下的。哪怕他刚刚摔了一跤，看到好吃的，马上就不顾疼痛地去吃。我小时候也是这样，课堂上不管多难受，老师有没有批评我，课间10分钟，我总能嗨起来，仿佛"今朝有酒今朝醉"。

父母的焦虑和对未来的过分关注，会让孩子不由自主地跟着焦虑，但这种焦虑无济于事。比如，父母总是让孩子想：你未来考不上大学怎么办？咱们家没钱怎么办？孩子也不知道该怎么办。所以，与其让孩子焦虑，不如让他实际去做些事情。比如，让他了解怎么赚钱，了解考大学需要哪些步骤。只要孩子把今天过好，未来自然不会差。

当一个家长具备这些特质时，孩子不仅能活得轻松，还会把事情做好，而且不会焦虑。

多说一句，在健康的家庭里，父亲的角色非常重要。现在很多中国家庭的结构是这样的：消失的爸爸、焦虑的妈妈，还有一个失控的孩子。这一切都源于"消失的爸爸"。父亲在家庭中承担着重要角色，比如领导者和陪伴者，这能增强孩子的抗压能力、自信心甚至语言表达能力。

我非常感激我父亲在我的童年几乎从未缺席。我和姐姐的语言表达能力、抗压能力都还不错。

最后，请你记住纪伯伦说过的一段话：

> 你的孩子，其实不是你的孩子，他们是生命对于自身渴望而诞生的孩子，他们通过你来到这世界，却非因你而来。他们在你身边，却并不属于你。你可以给予他们的是你的爱，却不是你的想法，因为他们有自己的思想。你可以庇护的是他们的身体，却不是他们的灵魂，因为他们的灵魂属于明天。

你不用为任何人活

在这本书的最后一节,我想通过两个故事来为你讲透"社会期待"这个词。

经常有朋友问我这样一个问题:我现在的工作不是父母、家人和朋友喜欢的,该怎么办?

我的建议是不必在意他们喜不喜欢。很多人甚至不了解你的工作内容,尤其是当你从事高科技领域或新兴岗位时,比如和短视频相关的编导、剪辑,他们往往无法理解你在做什么。现在还有许多职位尚未出现,但在未来可能会很赚钱。例如,人工智能的提词师、人工智能道德委员会、超级对齐部门等,这些职业可能你现在都没听过,更别说向父母解释了。

我的建议很简单:只要不违反法律,什么赚钱就做什么。

我有个从小看着我长大的大哥,他一直认定我做作家是挣不到钱的。虽然在书籍是唯一信息载体的时代,畅销书作家确实能赚到钱，但现在时代变了，作家已经成了一个传统职业。他知道我赚不到多少钱，很长一段时间也了解我的稿费并不丰厚，于是他对我说了一段让我终生难忘的话。

他说："尚龙，你一身才华，对文字的把控能力极强，又精通英语和编程，朋友也多，你做什么不能挣钱？不要总强调自己是个作家。你可以说自己是作家，为了让那些不懂你的人多给些尊重，觉得这是个正经职业，但你做任何事情的选择标准只有一个：什么挣钱做什么。如果这件事不挣钱就别做，无论它能给你多少荣誉，给你多大名声，记住挣钱永远是第一位的。"

这番话给了我特别大的启发。所以，关于社会期待，我想先说这句话：**你这一生会慢慢明白，你不为任何人活着，你只为自己活着。**

至于社会期待，如果你不幸混到底层，还有谁会对你有什么期待？当你需要救赎的时候，那些对你说三道四的人又在哪里？但当你有了一点成就和辉煌，那些指手画脚的人就都来了。记住，日子是自己的，与别人无关。

我来给你讲两个故事。

第一个故事是关于我的一个表妹。她毕业后去做微商卖保险，听起来似乎很丢人。她告诉父母自己在保险公司工作时，她的父母抬不起头来，逢人就说："别提我女儿了，这工作不合适。对了，你有没有好的工作可以介绍给我女儿？"

这是真实的故事。我这个表妹在保险公司工作开始的一年多很不开心,但第二年接到了两个大单子开始赚钱了。那年过年时,她因为要陪大客户在三亚过年而无法回家。这位客户又在三亚给了她一个单子,这三笔单子的佣金接近100万元。那年她才24岁,第一次见到这么多钱,把她彻底震惊了。于是在除夕前夜,她问父母在家过得怎么样,父母刚要开口责备,她就说:"爸妈,我给你们买了从武汉到三亚的头等舱机票,不知道你们方不方便来三亚一起过年?"

那时武汉的冬天没有暖气,三亚却有二十多摄氏度,他们怎么会不去呢?到了三亚,一辆豪华的滴滴商务车接他们到了五星级酒店,他们看到自己的女儿在酒店门口迎接。那时他们才明白,原来做好保险销售也能很赚钱。表妹和我讲这个故事时,特意强调了一个细节——那年过年他们打电话拜年时,特别自豪地说:"今年是女儿给买的头等舱机票,还订了五星级酒店,我们就在三亚跨年了,年后再见吧。"

父母说这话时,脸上洋溢着幸福的笑容。原本父母很在意孩子的工作,觉得卖保险特别丢人。但当你赚到钱后,父母的评价标准就会改变,他们不再评价你做什么工作,因为所谓的社会地位在没有财富时一文不值。他们会改用新的评价标准,从社会地位慢慢转向以金钱为衡量。人总是会说对自己有利的话。她父母开始到处跟人说:"看我孩子多好,说不定以后每年都能带我们去三亚。"

我还有个朋友也是这样,他是个没什么文化的土老板。我每次都和他开玩笑说:"你能不要再说成语了吗?每次你说'凯旋而归'的时候，我都想告诉你，'凯旋'本身就有'归'的意思，要么说'凯旋'，要么说'归'，不要说'凯旋而归'。"

我们总是取笑他，但从来不会疏远他。为什么？因为和他在一起总能喝到茅台。他家收藏着世界最贵的茅台，还有一个茅台收藏馆。每次介绍他时，我也不会说他文化水平低，而是会说："这位大哥家里有最好的茅台，改天让他请我们去品尝。"你看，我们的评价标准也在改变。社会的评价体系是多样的，如果你只用某一种标准去评价你的职业和现状，就会很痛苦。有些职业看起来不光彩，但能赚到钱；有些职业虽然挣不到钱，但有很高的江湖地位；还有些职业既没有江湖地位，也赚不到钱，但能让当事人很快乐。

比如前段时间我认识了一个小姑娘，她的工作很有趣——旅游试睡员。她去世界各地的优质酒店，特别是新开的酒店，试睡不同的床，然后给这些床打分。虽然收入不高，但每年能去全世界五六十个地方，机票、住宿全包。她只需要在一些平台上评分，写写游记，一年到头衣食住行都有人报销，过得很开心。她在最年轻的时候就去了那么多地方，让人羡慕不已。

所以，人的评价标准是多样的，最重要的是，评价标准会变，但自己的幸福标准不会变。别在意他人的评价，日子终究是自己的。

在这个时代，年轻人的精神压力大多来自社会压力。这个社会给每个年龄段都设定了固定模板：小学毕业要进个好初中，中考要考个好高中，高考要考个好大学，大学毕业要么考研要么找个好工作，工作后要结婚，结婚后要生孩子。有了孩子还得让他上好学校，从小学到高中。

人一旦陷入这样的循环，就会逐渐迷失自我，忘记自己真正想要什么。这种生活的底层逻辑和欲望把所有人都困在痛苦中，难以自拔。

过去，人的生活模式是三段式：学习、工作、退休。但随着科技进步，人的寿命可能会达到100岁。如果你能活到百岁，还适合用这种三段式的人生结构吗？

人可能会有多种不同的人生结构。你可能40多岁才决定结婚，50岁重返校园。在这样的生活模式下，你有没有想过：如果用单一的模板限制自己的选择，你会过得很痛苦。人最忌讳的就是用单一模板束缚自己的生活，那样会慢慢变成一个单向度的人。

我的第二个故事也是关于我一个妹妹的。她25岁还没结婚，在他们村里这算是大逆不道。父母天天着急地催她："你看你姐姐25岁都有两个孩子了，你怎么还没结婚？你是怎么想的？"

这个妹妹在北京很长一段时间都很郁闷，因为她害怕逢年过节回家，害怕接到父母的电话。每次通话总会以"你到底什么时候结婚？都毕业这么长时间了"而结束。

但有趣的是，她工作很努力，25岁就进入腾讯，到30岁已经是位小领导，有很好的薪资待遇，包括股票和期权。30岁时她被腾讯裁员，拿到了一百多万的N+1赔偿金。她拿到这笔钱后非常兴奋，因为她本就不想继续这份工作了。于是她先出去旅游了一圈，回来后开始创业。现在她已经是一家拥有十多名员工的创业公司老板，同时经营着自己的自媒体。

每次刷到她的内容，我都觉得她过得很幸福。评论区也都是支持的声音，觉得她的生活非常精彩——30岁未婚，事业有成，自由自在。虽然我没再问过她和她母亲的关系，但我相信她妈妈一定会看她的社交媒体，也会看到下面的评论。不知道看到这么多人支持自己的女儿，她会对自己之前的言论和态度有什么感想呢？

我不知道你听完这两个故事有什么感想。这个时代发生了很多变化，人的选择变多了，但社会的刻板印象和单一模板的生活方式却没有及时更新。旧的评价体系永远无法准确评判新的生活方式。如果你仍然按照旧的体系生活，就别抱怨自己在旧的资源和经济状态中分不到一杯羹。因为你从未真正拥抱新的社会和新的可能性。

你有没有发现？很多按照传统模式生活的人，在饭桌上总有话题和父母聊：小学聊初中，初中聊高中，高中聊大学，大学聊工作，之后聊结婚生子。但一旦有了孩子，所有重心都转移到孩子身上，反而没什么可聊的了。因为按照他们的逻辑，你已经完成了每个人生阶段该做的事。我们拼命地把孩子往前推，却忘记了孩子是独特的生命个体，而不是模板。即使把每个模板都完成得完美，最终结果又如何呢？生命的终点都是相同的。

你追赶到最后，还记得是什么触发了自己吗？为什么不去享受过程呢？有一次我开车从家到列治文市中心，大约需要一小时。那天不知怎么，想提前到达，就猛踩油门提速到了120千米/时。在全神贯注地踩着油门、握着方向盘冲向目的地的状态下，我确实到达了。但一看也就提前了三分钟，随之而来的却是两张上百美元的罚单。这着实令人唏嘘。

最后，我想分享四条发自内心的建议：

第一，**关注自己的感受**。一切都不如你的感受重要。说不定哪天地球就爆炸了，你唯一能在意的就是自己的感受。无论做什么事、什么工作，无论爱上谁、和谁在一起，自己的感受都应该放在第一位。

第二，**课题分离**。别人的评价是他们的事，你的选择是你的事。你对自己的评价才是最重要的。

第三，**聚焦具体的事情**。不要聚焦人，更不要聚焦他人的评价。

第四，**永远寻找那些积极认可你的人**。这世界上反对你的人很多，与其把精力放在他们身上，不如投入那些支持你、鼓励你、给你能量的人和事上。希望你能继续前行，远离那些消耗你的人，找到滋养你的人。

有朋友问，跟自己的父母话越来越少，沟通越来越困难，感觉和父母的距离越来越远，该怎么办？

网上有关父母的言论分为两派：一派认为"父母皆祸害"，另一派认为"你永远欠父母的"。这两派争论不休，每次阐述观点都能说到泪流满面。那些说"父母皆祸害"的人，恨不得洋洋洒洒地写一篇长文，觉得父母是此生的敌人。而另一派则认为，身体发肤受之父母，每一根汗毛都是父母给的，为父母死都没关系。

我很喜欢纪伯伦的一段话："你的孩子，其实不是你的孩子……他们通过你来到这世界，却非因你而来。"如果你这样想，就该明白父母和孩子都是独立的个体。很多事儿想明白了，这也正是我常说的课题分离。

这么多年，我特别喜欢一本书——岸见一郎和古贺史健的《被讨厌的勇气》。这本书之所以好，是因为当一个人拥有了被讨厌的勇气，就说明他已经成为一个独立的个体，他明白自己的独立性可能会招致他人的讨厌。这种讨厌恰恰来自自己的勇气，也可能来自最亲近的人。

祝你也拥有被讨厌的勇气，永远为自己而活。

这才是真正的强者。

挣脱过去的束缚，

打破单一的人生模板，

别再为他人而活，

专注于自我成长与实现。

(生活篇)

厉害的人从不内耗

后记
AI 时代，祝你走出一条属于自己的路

这本书，我跌跌撞撞地写了很久。

写这本书的一年时间里，我几乎没做别的事情，一直在琢磨该怎么写。就像这篇后记，原本答应编辑一周内写完，却拖拖拉拉了一个月。好在最终还是写到了结尾，诚实面对了自己的内心，写下了这一年最新的思考。

每次写完一本书，我都觉得自己像被掏空了一样，这次也不例外。但至少，我觉得这是一次满意的交卷。

在写书的这条路上，我已经走了十多年了，今年是第十一年。

来到加拿大读书后，我经常想起二十几岁时的日子，那时也曾感到迷茫、无助，甚至怀疑自己的努力是否有意义。但时间就这么推着我往前走，我也一步一步走出了自己的路。

在这个过程中，我逐渐明白：**没有一条路是绝对安全的，**

也没有一条路是被别人完全规划好的，你必须自己去寻找，去开辟，甚至去冒险。

就在我思考这些的时候，恰好与一位在 UBC（不列颠哥伦比亚大学）读量子力学的博士朋友聊到了量子纠缠。他问我："如果任意两个量子可以纠缠，那么你相信你和过去自己体内的量子有可能纠缠吗？"

我愣了一下，问他："你说的是平行宇宙？"

他说："是的，就是过去的你和现在的你，你抬头看着天，那片天是同一片天，月亮是同一轮月亮，太阳是同一个太阳。"

我笑了笑说："太阳就别看了，眼睛会坏的。"

他也笑了，说："所以，你可以通过量子传递信息给过去的自己。"

回家的路上，我伫立在温哥华的海边，凝望着那片浩瀚的乔治亚海峡。海浪翻涌，仿佛在低声诉说着古老的秘密，波光粼粼的海面如同散落的星光，在夕阳的余晖下闪烁。就在那一刻，我突然想，如果能对曾经的自己说一句话，我会说什么？

我想，我会毫不犹豫地告诉曾经的自己：未来的路虽然看起来模糊，但你每走一步，都会通向一个新的方向。而且，AI 时代已经来临，新的机会就在眼前。你要坚持下去，走出一条属于自己的路。

这本书，是我写给过去的自己的一封长信，也是写给未来的答案，更是写给每一个想要往前走的人的。

我不想讲道理，更不想扮演一个"过来人"的角色。我只想分享一些我走过的弯路、踩过的坑，以及那些真正帮助我找到方向的方法，还有我和各领域前辈交流时得到的最新思考。

我希望这本书能成为你的一盏小灯，帮你看清前方的路。

请你相信，走向新的路时，会有挑战，会摔倒，会怀疑，甚至会不知所措，想要暂时停下。但正是因为新的时代正在来临，没有现成的脚印，你每走一步，都会成为独特的风景。

这本书送给每一个想要在未来把握住机会的人。

愿你提前看清趋势，走出一条新的路，去一个新的地方，成就全新的自己。